中国肿瘤心理临床实践指南 2020

主　编　唐丽丽

编　委（按姓氏笔画排序）

王　玉　王　昆　王　霞　王一方　王玉梅
王丕琳　王丽萍　巴彩霞　田素梅　吕晓君
刘　芳　刘晓红　刘爱国　刘惠军　李　方
李小梅　李庆霞　李金江　李萍萍　李梓萌
杨　辉　吴世凯　吴晓明　邱文生　何　毅
汪　波　汪　艳　沈　伟　宋丽华　宋丽莉
宋洪江　张叶宁　张翠英　陆永奎　陆宇晗
易　鸣　周晓艺　庞　英　胡建莉　姜　愚
桂　冰　唐丽丽　黄海力　强万敏　肇　毅

人民卫生出版社

·北　京·

图书在版编目(CIP)数据

中国肿瘤心理临床实践指南. 2020/唐丽丽主编. —北京：人民卫生出版社，2020.9

ISBN 978-7-117-30389-7

Ⅰ.①中… Ⅱ.①唐… Ⅲ.①肿瘤-精神疗法-指南 Ⅳ.①R730.59-62

中国版本图书馆CIP数据核字（2020）第158901号

人卫智网	www.ipmph.com	医学教育、学术、考试、健康，购书智慧智能综合服务平台
人卫官网	www.pmph.com	人卫官方资讯发布平台

中国肿瘤心理临床实践指南 2020

Zhongguo Zhongliu Xinli Linchuang Shijian Zhinan 2020

主　　编：唐丽丽
出版发行：人民卫生出版社（中继线 010-59780011）
地　　址：北京市朝阳区潘家园南里19号
邮　　编：100021
E - mail：pmph @ pmph.com
购书热线：010-59787592　010-59787584　010-65264830
印　　刷：北京铭成印刷有限公司
经　　销：新华书店
开　　本：787×1092　1/32　　印张：8.5
字　　数：184千字
版　　次：2020年9月第1版
印　　次：2020年9月第1次印刷
标准书号：ISBN 978-7-117-30389-7
定　　价：35.00元
打击盗版举报电话：010-59787491　E-mail：WQ @ pmph.com
质量问题联系电话：010-59787234　E-mail：zhiliang @ pmph.com

前 言

近年来恶性肿瘤疾病负担及疾病经济负担总体呈上升趋势，2015 年中国癌症统计数据表明，2015 年我国有 429.2 万新发癌症病例和 281.4 万癌症死亡病例。给患者家庭和社会造成了极大的痛苦和沉重的负担，也为肿瘤临床医护人员及心理社会肿瘤学工作者带来很多的挑战。一项关于癌症患者抑郁患病率的系统综述表明，门诊患者抑郁患病率为 5%~16%，住院患者为 4%~14%，姑息治疗患者为 7%~49%。另一项大规模的门诊癌症患者的调查研究表明，24% 的患者存在焦虑症状。一项包括 94 个研究的 Meta 分析表明，住院癌症患者达到 DSM 和 ICD 诊断标准的焦虑障碍发病率为 9.8%。此外，癌症住院患者谵妄的患病率为 10%~30%，终末期的癌症患者最高可达 85%。

在过去的一百年里，医学能力有了极大提高，如对危重症患者的抢救能力等，但医学的局限性仍很大，表现在认识与能力不同步，诊断与治疗不同步，大多数疾病并没有有效的治愈方法。医学进步也带来一些新问题，如分科越来越细，人文精神的缺失等。目前，我国的医疗模式还不能完全满足患者人文关怀的需求，这种情况急需得到改善。心理社会肿瘤学这门新兴学科的目的正是将肿瘤患者从传统的生物医学模式中解救出来，从而进入到生物 - 心理-社会医学模式。大量证据表明，有效的心理社会服务可以改善恶性肿瘤患者的症状和心理痛苦，改善患者的生活质量甚至延长生存期，但中国恶性肿瘤患者的巨大需求与中国心理社会肿瘤学在临床干预、科学研究、人员培训、经济支持等方面的亟须发展形成了强烈的反差。如何识别每位患者的心理社会需求，制定和实施心理社会治疗照护计划，建立规范全面的心理社会服务模型是非常值得思考和关注的课题。

自20世纪70年代Jimmie Holland在美国及世界范围内创建了心理社会肿瘤学这一交叉学科以来，随着学科专业书籍的出版，专业协会的创立，以及学科专业指南的发布，目前该学科已经有了长足的发展，心理社会肿瘤学的理念在全世界广泛传播。在欧美发达国家，心理社会肿瘤学照护已经融入肿瘤临床的常规诊疗之中。循着上述发展轨迹，自20世纪90年代开始，我国学者将心理社会肿瘤学引入国内，当时国内对于心理社会肿瘤学还相当陌生，甚至由于病耻感而拒绝去接触、去了解，尽管如此我国的有识之士仍然秉持着关怀与爱心，积极投入心理社会肿瘤学理念的宣传中，并于1995年在北京大学肿瘤医院设立了我国第一家心理社会肿瘤学专业的相关门诊。为癌症患者提供心理社会照护，减轻患者心理痛苦，改善患者生活质量。

随着心理社会肿瘤学在我国的发展，我们深切地认识到，要持续、长远、有效地传播心理社会肿瘤学理念并开展医疗照护，必须联合全国相关领域的有志之士及资源来共同努力。因此，2006年在中国抗癌协会及全国有志于从事心理社会肿瘤学专业人士的支持下，成立了第一届中国抗癌协会肿瘤心理学专业委员会（Chinese Psychosocial

Oncology Society, CPOS)。开启了心理社会肿瘤学在中国从无到有的历史，特别是 2013 年换届后，新一届委员会开展了大量的工作，一面积极向全国各类医院宣传心理社会肿瘤学理念，并透过媒体、科普向大众宣传。另一方面持续举办学术研讨会、培训班，参与国际高水平的进修、会议，促进国内心理社会肿瘤学的发展以及专业人才的培养。经过不断努力，目前全国成立了 14 个省级肿瘤心理学专业委员会，会员遍布全国 25 个省级行政单位，共同为国内心理社会肿瘤学事业做出贡献。从发达国家的经历和经验中可以看出，我国的心理社会肿瘤学进入快速发展阶段是历史的必然，还需要从医疗决策、人才和时间等多方面考虑，开展适合我国国情的工作。心理社会肿瘤学专业像一粒种子在中国发芽，必将茁壮成长，让更多的患者受益。

自设立我国首家心理社会肿瘤学门诊、创立 CPOS，到心理社会肿瘤学在全国的推广，其间经历了很多的困难与挫折，汇集了几代心理社会肿瘤学人的辛勤付出。为了推动心理社会肿瘤学科发展，应对肿瘤带来的心理社会挑战，全国的心理社会肿瘤学工作者一直在努力将患者的心理社会照护，包括将专业的心理社会评估和干预纳入到所有癌症患者的常规诊疗中。为规范心理社会评估和干预，制定适应我国文化和临床的肿瘤心理诊疗指南迫在眉睫。不以规矩不能成方圆，临床实践指南的制定将对保证高效、高质量的“全人”照护的抗肿瘤治疗提供了依据，是规范医师临床诊疗工作的法宝。2016 年国家卫生计生委发布《关于加强肿瘤规范化诊疗管理工作的通知》，在优化肿瘤诊疗模式中明确指出“关注患者的心理和社会需求，结合医学模式转变，医疗机构和医务人员要关心、爱护肿瘤患者”，这项政策的出台也鞭策我们尽快制定我国的心理社会肿瘤学实践指南。2016 年第 1 版《中国肿瘤心理治疗指南 2016》发布，标志着心理社会肿瘤学在我国的发展揭开了新的篇章。

第 1 版指南问世以来，通过学术会议、学术期刊、巡讲、报纸、网络平台等多种方式在全国范围内进行推广，对肿瘤临床医护人员和心理社会肿瘤学专业人员的临床实践提供了很好的指导，使得更多肿瘤临床医护人员开始关注患者心理社会层面的需求，也推动了我国该领域科研工作的开展。

时隔四年，无论是国外还是国内，在心理社会肿瘤学领域又有大量研究发表，有更多新的研究证据可以指导临床实践。为了进一步改善肿瘤临床心理社会服务的质量，按照国际惯例，需要对已发布的指南进行定期更新和修订。本指南通过查找最新的研究证据、新方法，对第 1 版指南进行修订和完善。与第 1 版指南相比，在结构和内容方面都有了更新和调整。使再版指南有更多更好的证据，并更适合本土的临床实践。因本指南除了治疗方面的建议，还有筛查、评估、诊断、照护方面的建议，故新指南中文名更改为《中国肿瘤心理临床实践指南 2020》。

感谢对本次指南再版给予支持和帮助的所有领导和同仁，没有团队的协作努力，没有多方的支持和帮助，就不会有指南的再版，让我们共同努力，让大爱在医学中绽放！

唐丽丽

2020.07.09

目　录

第一章　制订《指南》的宗旨 …………………………… 1

第二章　编写《指南》的方法学 ………………………… 2

第三章　《中国肿瘤心理临床实践指南 2020》与《中国肿瘤心理治疗指南 2016》相比更新的内容 …………21

第四章　恶性肿瘤带来的心理社会挑战以及应对策略…28

第一节　患者面临的挑战 …………………………………28

第二节　照护者面临的挑战 ………………………………32

第三节　肿瘤临床医护人员面临的挑战 …………………34

第四节　心理社会肿瘤学工作者面临的挑战 ……………35

第五节　应对策略 …………………………………………37

第五章　肿瘤临床医护人员应该关注的患者在不同疾病阶段出现的特定问题 ……………………41

第六章　医患沟通及告知信息……………………………53

第一节　一般沟通技巧 ……………………………………53

第二节　告知坏消息 ………………………………………58

第三节　告知坏消息的具体方法 …………………………61

第七章　肿瘤患者的痛苦筛查、评估及应答 …………66

第一节　痛苦筛查及评估 …………………………………66

第二节　如何进行转诊 ……………………………………85

第八章 肿瘤相关症状的精神科管理……91
第一节 焦虑障碍 ……91
第二节 抑郁障碍 ……97
第三节 谵妄 ……105
第四节 自杀 ……111
第五节 失眠 ……116
第六节 疼痛 ……122
第七节 癌症相关疲乏的管理 ……127
第八节 预期性恶心呕吐 ……134
第九节 厌食及恶病质 ……138
第九章 晚期癌症患者的缓和医疗和安宁疗护……144
第一节 缓和医疗概述及其意义 ……144
第二节 姑息性抗肿瘤治疗及症状管理 ……147
第三节 生命末期照护 ……169
第四节 居丧哀伤和居丧关怀 ……181
第十章 肿瘤患者心理干预……184
第一节 临床医护人员能做的心理干预 ……184
第二节 专业的心理干预 ……190
第十一章 不同肿瘤类型患者的特定心理社会问题……203
第一节 乳腺癌 ……203
第二节 胃肠道肿瘤 ……211
第三节 肺癌 ……219
第四节 肝胆胰恶性肿瘤 ……225
第五节 恶性淋巴瘤 ……230
第十二章 照护者心理干预……236
参考文献……241

第一章

制订《指南》的宗旨

中国抗癌协会肿瘤心理学专业委员会(Chinese Psychosocial Oncology Society, CPOS)于2006年在北京成立,作为一个年轻的多学科交叉的学术组织,肿瘤心理学专业委员会致力于推动我国肿瘤心理治疗事业的发展,促进肿瘤心理学的临床研究,为肿瘤患者缓解因疾病及其治疗带来的任何心理痛苦及症状。"不以规矩不能成方圆",任何学科都需要按照循证医学原则,以当前最佳证据为依据,按照系统和规范的方法,在多学科专家团队、各级医院临床和护理人员的合作下达成共识并形成指南,我们就是本着这一原则进行本学科的指南编写,希望能为本专业及相关专业人员在其特定的工作中提供帮助、指导,并为相关卫生政策的制定者提供决策依据。

2016年《中国肿瘤心理治疗指南2016》首次出版,是我国心理社会肿瘤学领域的第一本治疗指南。本次再版是2016年出版后的首次再版。

《中国肿瘤心理临床实践指南2020》(简称《指南》)所指的肿瘤为病理确诊的恶性肿瘤。

第二章

编写《指南》的方法学

一、《指南》的目标与范畴

本《指南》的目标人群为肿瘤科临床医护人员、精神科医生、心理学专家、缓和医疗医护人员以及相关工作人员，提供针对肿瘤患者及家属的最佳心理社会肿瘤学的照料与服务。按照循证医学原则，以当前最佳证据为依据，为临床实践作出最合适的推荐。

本《指南》应根据实际情况进行应用。

二、目标读者

本《指南》适用于我国肿瘤临床医护人员以及精神科、心理科医护人员，社工等相关工作人员。

三、编写流程

（一）文献检索策略

指南与文献搜索使用单独或联合的检索词：cancer, neoplasm, depression, mental health, anxiety, distress, anxiety or depressive disorders in oncology, screening, assessment, interventions, guidelines, recommendations, management of anxiety or depressive symptoms, pharmacological and nonpharmacological treatments，恶性肿瘤、肿瘤、焦虑、抑郁、痛苦、精神问题、心理、筛查、评估、药物干预、非药物干预、心理治疗、姑息、指南、推荐。

系统检索近10年发表的文献、临床指南数据库、指南开发网站以及发表的文献用于明确临床实践指南、系统综述以及其他指导性文件。搜索数据库包括MEDLINE、EMBASE、CINAHL、Cochrane图书馆数据库、中国期刊网、万方数据库、维普中文科技期刊数据库。

（二）证据级别与推荐意见标准

1.《指南》分级系统　参照Grading of Recommendations，Assessment，Development and Evaluation（GRADE）系统，如表2-1。

表2-1 《指南》分级系统

<table>
<tr><th rowspan="2">证据质量</th><th colspan="2">推荐强度</th></tr>
<tr><th>获益明显优于风险和/或负担或风险和/或负担明显优于获益</th><th>获益与风险和/或负担相当</th></tr>
<tr><td>高</td><td>强</td><td>弱</td></tr>
<tr><td>中</td><td>强</td><td>弱</td></tr>
<tr><td>低</td><td>强</td><td>弱</td></tr>
<tr><td colspan="3">没有充分证据决定获益与风险的净值</td></tr>
</table>

2.《指南》分级系统解释，如表2-2。

表 2-2 《指南》分级系统解释

推荐级别	获益与风险 / 负担	证据的方法学质量	解释	意义
强烈推荐 高质量证据	获益明显优于风险和 / 或负担，或是相反	1. RCTs，没有重要的缺陷 2. 观察性研究中压倒性的证据	强烈推荐；能用于大部分情况下的大部分患者	1. 对于患者，大部分需要推荐；如果干预没有提供，应该进行讨论 2. 对于临床医生，大部分患者应该接受推荐 3. 对于政策制定者，推荐可用于制定政策
强烈推荐 中等质量证据	获益明显优于风险和 / 或负担，或是相反，或是相反	1. RCTs，存在重要的缺陷（结果不一致，方法学缺陷，间接或不准确） 2. 观察性研究中十分强的证据		
强烈推荐 低质量证据	获益明显优于风险和 / 或负担，或是相反，或是相反	观察性研究或系列病例报告	强烈推荐，但是当有高质量证据出现时可以改变	
弱推荐 高质量证据	获益与风险和 / 或负担相当	1. RCTs，没有重要的缺陷 2. 观察性研究中压倒性的证据	弱推荐；最佳的措施是根据患者、环境以及社会价值不同而有变化	1. 对于患者，大部分可能需要推荐，但有些不需要，决定应根据个体情况

续表

推荐级别	获益与风险 / 负担	证据的方法学质量	解释	意义
弱推荐 中等质量证据	获益与风险和 / 或负担相当	1. RCTs，存在重要的缺陷（结果不一致，方法学缺陷，间接或不准确） 2. 观察性研究中十分强的证据		2. 对于临床医生，不同的患者适用于不同的选择，某一决定应该与患者的价值、优先与情况相一致 3. 对于政策制定者，政策制定需要讨论
弱推荐 低质量证据	对获益、风险与负担的评估不确定；获益与风险和 / 或负担可能相当	观察性研究或系列病例报告	非常弱的推荐；其他方法效应可能相同	
不做推荐	获益与风险和 / 或负担之间的平衡无法确定	证据矛盾，质量差，或缺乏	没有充分的证据推荐或反对	1. 对于患者，决定不能来自科学研究的证据 2. 对于临床医生，决定不能来自科学研究的证据 3. 对于政策制定者，决定不能来自科学研究的证据

注：随机对照试验（randomized control trails，RCTs）

3. 对于证据质量的解释

（1）高质量证据

1）来自一项或更多良好设计、良好执行的随机对照试验（randomized control trails, RCTs）得出一致的、直接的结果。

2）非常确信评估效应与真实效应是非常接近的。

3）进一步的研究几乎不会改变对此效应评估的可信度。

（2）中等质量证据

1）来自存在重要局限性的RCTs，局限性通常为对于治疗效力的评估偏倚、大量失访、缺乏盲法以及不能解释的异质性（尽管源自严格的RCTs），来自类似人群的间接证据，样本量非常小的RCTs。此外，证据来自设计良好的对照试验（没有随机），设计良好的队列或病例对照分析研究也属于中等质量证据。

2）对于效应的评估具有中度可信度：真实效应可能与评估效应一致，但是也有存在差异的可能性。

3）进一步的研究可能对评估的可信度产生重要影响，并可能改变评估结果。

（3）低质量证据

1）来自观察性研究的证据是典型的低质量证据（这是由于其存在偏倚风险）。

2）对于效应的评估我们具有低可信度：真实效应很有可能与评估效应不一致。

3）进一步的研究非常有可能改变我们对此的可信度，并很有可能改变评估。

尽管我们将证据质量划分为高、中、低三级，但是应该注意证据质量其实是一个连续谱，故在划分过程中难以避免存在一定程度的武断。

4. 决定证据质量的因素　决定证据质量的因素为研究设计。

（1）减少证据质量的因素，如表 2-3。

表 2-3　减少证据质量的因素及结果

因素	结果
1. 研究的局限（偏倚风险）	减少 1 个级别
2. 结果不一致	减少 1 个级别
3. 证据的间接性	减少 1 个级别
4. 不精确	减少 1 个级别
5. 出版偏倚	减少 1 个级别

（2）提高证据质量的因素，如表 2-4。

表 2-4　提高证据质量的因素及结果

因素	结果
1. 具有重大的意义	提高 1 个级别
2. 剂量 - 效应梯度	提高 1 个级别
3. 残余混杂作用	提高 1 个级别

当影响证据质量的因素有叠加的时候，则需要判断哪一个更重要。GRADE 并不是评估证据质量的定量系统。每一个上调或下调的因素反映的不是独立的分类，而是一个连续谱。例如，如果有 3 个因素存在不确定性：研究局

限、不一致以及不准确，但是每个因素都没有严重到需要下调的程度，可能认为需要下调，也可能认为不需要下调。当遇到这种边缘性的状况时，应该详细地说明问题，并标注问题所在。

5. 对于推荐的解释

（1）强烈推荐（strong recommendation）：确信一项干预的预期作用明显优于非预期作用（强烈推荐这项干预）或确信非预期作用明显优于预期作用（强烈推荐反对该干预）。

（2）弱推荐（weak recommendation）：预期作用可能优于非预期作用（弱推荐这项干预）或非预期作用明显优于预期作用（弱推荐反对该干预），但是这种不确定性是可以理解的。

6. 决定推荐方向与强度的因素，如表 2-5。

表 2-5　决定推荐方向与强度的因素

因素	注释	强烈推荐的例子	弱推荐的例子
总的证据质量	证据质量越高，越可能为强烈推荐	许多高质量随机试验证明吸入性激素治疗哮喘的获益	仅有病例组报告表明气胸可使用胸膜固定术
预期结局与非预期结局之间的平衡	预期结局与非预期结局之间的差异越大，越可能是强推荐	小剂量阿司匹林减少心肌梗死的获益（预期结局），不良反应小、花费少（非预期结局）	华法林用于低风险房颤患者，可减少卒中发生（预期结局），但是增加了出血风险（非预期结局）

续表

因素	注释	强烈推荐的例子	弱推荐的例子
价值与偏好的不确定或差异	价值与偏好的差异越大，或价值与偏好的不确定性越大，越可能是弱推荐	年轻淋巴瘤患者可以从化疗的延长生命作用与治疗不良反应中获益	老年淋巴瘤患者不能从化疗的延长生命作用与治疗不良反应中获益
资源的使用	一项干预的花费越高（消耗的资源越多），越不可能是强烈推荐	阿司匹林（花费低）预防短暂性脑缺血发作患者发生脑卒中	氯吡格雷（花费高）与联合使用双嘧达莫和阿司匹林，预防短暂性脑缺血发作患者发生脑卒中

7. 推荐的呈现　推荐用语应该使用主动语态而不是被动语态。

对于强烈推荐应该使用："我们推荐……"或"临床医生应该……""临床医生不应该……""做…""不做…"这些词语。

对于弱推荐应该使用："我们建议……""临床医生可能……""我们有条件的推荐……"这些词语。

避免使用"临床上适当的时候"或"如必要的话"这些词语。

四、《指南》的结构

本《指南》的结构主要基于症状和患者，而不是根据癌种而分类，这是因为不同恶性肿瘤存在很多重叠，不利于应用本指南。恶性肿瘤特异性的问题会特别标注。

在大部分情况下，推荐适用于所有的恶性肿瘤患者。

某些情况下，根据患者治疗阶段、恶性肿瘤种类、性别、年龄或社会环境的不同适用不同的推荐。

五、版权、免责声明和利益冲突声明

（一）版权

本指南版权归属中国抗癌协会肿瘤心理学专业委员会所有。

（二）免责声明

本《指南》反映了基于证据的诊疗方法，参考或应用本《指南》的临床医护人员，应根据个人具体临床情况作出个体化的诊疗判断，以决定患者所需的护理和治疗方法。任何寻求使用这些指南的患者或非医护人员应咨询专业人员。

本《指南》不对涉及无限制性应用的任何偶然的、间接的、特殊的、惩罚性或作为结果的补偿费承担任何责任。

（三）利益冲突

参与本《指南》编写工作的所有人员均签署利益冲突声明。所有《指南》撰写人员均无与本《指南》推荐相关的利益冲突。

六、缩写词统一、常用名词定义

（一）缩写词

AH	artificial hydration	人工水化
AN	artificial nutrition	人工营养

ASCO	American Society of Clinical Oncology	美国临床肿瘤学会
BFI	the brief fatigue inventory	单维度简短疲乏量表
BIBCQ-C	body image after breast cancer questionnaire-Chinese version	乳腺癌患者体象问卷中文版
BPI	brief pain inventory	简明疼痛量表
BSI-18	brief symptom inventory-18	简明症状问卷
CAT	cognitive analytic therapy	认知分析治疗
CBT	cognitive behavioral therapy	认知行为治疗
CFS	cancer fatigue scale	恶性肿瘤疲乏量表
CINV	chemical induced nausea/ vomiting	化疗相关的恶心 / 呕吐
CNI	complex nursing intervention	综合护理干预
CPC	Canadian problem checklist	加拿大问题列表
CPOS	Chinese Psychosocial Oncology Society	中国抗癌协会肿瘤心理学专业委员会
CPS	clinical prediction of survival	临床生存预测
CRF	cancer related fatigue	肿瘤相关疲劳
CRPC	The Committee of Rehabilitation and Palliative Care, China	中国抗癌协会恶性肿瘤康复与姑息治疗专业委员会
CTID	cancer treatment-induced diarrhea	抗肿瘤治疗诱发的腹泻

DART	distress assessment and response tool	痛苦评估及应答工具
DNR	do-not-resuscitate	不施行心肺复苏
DT	distress thermometer	心理痛苦温度计
ECOG PS	eastern cooperative oncology group performance status	美国东部肿瘤协作组功能状态
EN	enteral nutrition	肠内营养
ESAS	Edmonton symptom assessment system	埃德蒙顿症状评估系统
ESPEN	The European Society for Clinical Nutrition and Metabolism	欧洲临床营养和代谢学会
ESS	Epworth sleepiness scale	Epworth 嗜睡量表
EWI	expressive writing intervention	表达性写作干预
FACT-F	function assessment of cancer therapy-fatigue	恶性肿瘤治疗功能评估疲乏量表
FPS-R	the faces pain rating scale-revised	面部表情评分法 - 改良版
FSI	fatigue symptom inventory	疲乏症状量表
GAD-7	general anxiety disorder-7	广泛性焦虑自评量表
GRADE	grading of recommendations, assessment, development and evaluation	分级推荐、评估、开发与评定系统
HADS	hospital anxiety depression scale	医院焦虑抑郁量表

HCT	hematopoietic stem cell transplantation	造血干细胞移植
IOM	Institute of Medicine	医学研究所（美国）
LST	life supporting treatment	维持生命的治疗
MBO	malignant bowel obstruction	恶性肠梗阻
MCGP	meaning-centered group psychotherapy	意义中心团体
MDASI	M.D. Anderson symptom inventory	M.D. Anderson 症状量表
MDT	multidisciplinary team	多学科团队
MPP	the measurement of patients' preference	病情告知喜好量表
MSAS	memorial symptom assessment scale	纪念斯隆凯特琳恶性肿瘤中心症状评估量表
NCCN	National Comprehensive Cancer Network	美国国立综合癌症网络
NIHCE	National Institute for Health and Clinical Excellence	英国国家卫生与临床优化研究所
NRS	numeric rating scales	数字分级法
PaP Score	palliative prognostic score	姑息预后评分
PHQ-9	9-item patients health questionnaire	9条目患者健康问卷
PL	problem list	问题列表

PPCIP	provincial palliative care integration project	加拿大安大略省姑息治疗整合项目
PRO	patient reported outcome	患者报告结局
RCTs	randomised control trails	随机对照研究
ROC	receiver operating characteristics	工作者特征曲线
SCL-90	symptom checklist-90	90 条症状清单
SDI-21	social difficulties inventory-21	社会困难问卷
SEGT	supportive-expressive group psychotherapy	支持 - 表达性团体心理干预
SF-MPQ	the short-form McGill pain questionnaire	McGill 疼痛问卷 - 简化版
SIO	Society for Integrative Oncology	美国整合肿瘤学会
TACE	transcatheter arterial chemoembolization	肝动脉化疗栓塞
UICC	Union for International Cancer Control	世界抗癌联盟
VAS	visual analogue scale/score	视觉模拟评分法
WHO	World Health Organization	世界卫生组织

（二）常用名词定义

1. 厌食（anorexia） 是指因食欲下降或消失，导致进食量下降和体重降低，是晚期癌症患者的常见症状。

2. 预期性恶心呕吐（anticipatory nausea and vomiting，ANV） 是一种常见的癌症化疗的不良反应，是化疗引起的恶心呕吐中一种比较特殊的类型，其定义为患者已经历两个以上周期化疗，在下一次化疗药物使用前即开始发生的恶心呕吐。

3. 焦虑障碍（anxiety disorders） 又称焦虑症或焦虑性疾病，是一组以焦虑情绪为主要临床相的精神障碍，当焦虑的严重程度与客观的事件或处境不相称或持续时间过长则为病理性焦虑。

4. 身体意象或体象（body image） 是自我概念的一部分，指的是对自身身体、外表和功能的感知和评估。

5. 恶病质（cachexia） 是指进行性发展的骨骼肌量减少（伴有或不伴脂肪量减少），常规营养支持治疗无法完全逆转，最终导致进行性功能障碍的一种多因素作用的综合征。

6. CALM（managing cancer and living meaningfully，CALM） 是一种新的个体心理治疗方法，通过半结构化设置为进展期恶性肿瘤患者提供简短的个体心理干预，其主要目的是帮助晚期恶性肿瘤管理疾病并寻找生命的意义。

7. 癌症厌食恶病质综合征（cancer anorexia cachexia syndrome，CACS） 厌食和恶病质常同时出现，临床上也统称为癌症厌食恶病质综合征。CACS具有病因病理机制复杂、发病率高、危害大的特点，以癌症患者食物摄入减少、异常高代谢导致的负氮平衡及负能量平衡为病理生理特征。

8. 恶性肿瘤生存者（cancer survivor） 即所有诊断为恶性肿瘤的生存者，无论恶性肿瘤病情是否受到控制。

9. 恶性肿瘤相关疲乏（cancer related fatigue，CRF） 是

一种痛苦而持续的主观感受，为肿瘤本身或抗肿瘤治疗所致的躯体、情感和/或认知上的疲乏或耗竭感，且与近期的活动量不符，并影响患者的日常功能。

10. 认知分析治疗（cognitive analytic therapy，CAT） 是最近发展起来的一种综合性心理治疗模型，主要关注关系的发展与心理痛苦。

11. 认知行为治疗（cognitive behavioral therapy） 是通过帮助来访者识别他们自己的歪曲信念和负性自动思维，并用他们自己或他人的实际行为来挑战这些歪曲信念和负性自动思维，以改善情绪并减少抑郁症状的心理治疗方法。

12. 复杂性哀伤（complicated grief） 出现在重要他人死亡后的一系列以分离性悲痛为主且社会功能受损的居丧反应。

13. 战胜恐惧疗法（conquer fear） 是一种基于常识模型，接纳承诺疗法和自我调节执行功能模型的一种短程个体心理治疗。治疗目的不是完全消除对于复发的担心，而是帮助高恐惧复发转移的患者减少对这一问题的重视和关注，为未来制定目标，为他们的生活赋予目的、意义和方向。

14. 谵妄（delirium） 是恶性肿瘤患者，特别是晚期恶性肿瘤患者常见的一种精神症状。它是一种短暂的，通常可以恢复的，以认知功能损害和意识水平下降为特征的脑器质性综合征，通常急性发作，多在晚间加重，持续时间数小时到数日不等。

15. 失志（demoralization） 指面临压力性事件或躯体疾病时出现的一组感觉，包括难以适应、无助、无意义、无能感、自我效能感低等，若持续超过两周可达到临床诊断标准。

16. 尊严疗法（dignity therapy）　是对生存期已很短暂的人们所面临的现实困难和心理社会痛苦施予的帮助，其独特性在于鼓励患者追忆生命中重要的、难忘的事件，并以此提高他们的生活质量。

17. 痛苦（distress）　心理痛苦是一种多因素的不愉快体验，本质上是心理（即认知行为、情感）、社会、精神和/或躯体上的变化，可能会干扰患者有效应对癌症、躯体症状以及治疗的能力。心理痛苦的范围连续性延伸，从常见、正常的情绪状态（脆弱感、悲伤感、恐惧感）到可能导致缺陷的问题（如抑郁、焦虑、恐慌、社交隔离、存在危机和精神危机）。

18. 痛苦温度计（distress thermometer）　一种简单快捷的心理痛苦筛查工具，是一个类似温度计的十级评分量表，应用简便，已被患者和医务工作者接受。

19. 呼吸困难（dyspnoea）　晚期肿瘤患者最常见的症状之一。美国胸科协会对呼吸困难的定义为主观上感到呼吸不舒适，包括不同程度、不同性质的感觉。

20. 教育性干预（educational intervention）　是指通过健康教育提供信息来进行的干预的方法，教育内容包括：疾病及治疗相关信息、行为训练、应对策略及沟通技巧以及可以利用的资源等。

21. 共情（empathy）　是 1909 年 Edward Titchener 创造的一个英文新词，并把它重新定义为“将一个客体进行拟人化，并感受到自己进入到客体内部与其共通的过程”。

22. 表达性写作干预（expressive writing intervention，

EWI） 是让参与者将自己有关创伤最深的想法和感受写下来，尤其是那些自己之前从未对别人谈起的想法和感受。

23. 恐惧恶性肿瘤复发（fear of cancer recurrence，FCR）是指害怕、担心或关注恶性肿瘤可能在身体的同一部位或另一部位复发或进展。

24. 失眠（insomnia） 是指患者对睡眠时间和/或质量不满足，并持续相当长的一段时间，影响其日间社会功能的一种主观体验。

25. 意义中心团体（meaning-centered group psychotherapy，MCGP） 本质上还是一种教育性团体，通过让患者学习 Frankl 关于意义的概念，并将意义来源转化为自己应对晚期恶性肿瘤时的一种资源，其目的是改善患者的灵性幸福和意义感，并减少焦虑和对死亡的渴求。

26. 正念（mindfulness） 是指自我调整注意力到即刻的体验中，更好地觉察当下的精神活动，并对当下的体验保持好奇心并怀有开放和接纳的态度。

27. 多学科团队（multidisciplinary team，MDT） 是以患者为中心，在综合各学科意见的基础上，为患者制订出最佳个体化治疗方案的模式。

28. 叙事疗法（narrative therapy） 是在叙事理论的基础上形成的，叙事疗法关注来访者带到治疗过程中的故事、观点和词汇以及这些故事、词汇和观点对患者本人及周围人的影响。

29. 疼痛（pain） 是组织损伤或潜在组织损伤所引起的不愉快的感觉和情感体验。

30. 缓和医疗（palliative care） 当患者及家属面临危及生命的疾病所带来的各种问题时，通过对疼痛以及其他躯体和社会心理、精神等问题的早期发现、准确评估和治疗以改善患者和家属生活质量。

31. 延迟性哀伤/延长哀伤障碍(prolonged grief disorder)　是指长期强烈渴望再次见到失去的亲人，或者只专注于逝去的亲人以至于对周遭世界视若无睹，伴随持续超过半年的严重的情绪困扰(如自责、否认、愤怒、难以接受死亡、感觉失去了自己的一部分)和显著的功能受损。

32. 心理社会肿瘤学(psycho-oncology)　自20世纪70年代中期成立起，该学科主要致力于研究恶性肿瘤患者及其家属在疾病发展的各阶段所承受的压力和他们所出现的心理反应，以及心理、行为因素在恶性肿瘤的发生、发展及转归中的作用。

33. 自我概念(self concept)　人对自身存在的体验。恶性肿瘤会影响患者的现实自我、社会自我和理想自我。

34. SHAR模型　一种沟通模型，包括五个部分内容：supportive environment(支持的环境); how to deliver the bad news(如何传递坏消息); additional information(提供附加信息); reassurance and Emotional support(提供保证及情绪支持)。

35. SPIKE模型　一种沟通模型，包括六个主要部分：setting(设置沟通环境); perception(评估患者认知); information(信息需求); knowledge(给予知识和信息); empathy(共情); summary(总结)。

36. 病耻感(stigma)　即一种负性经历的标记，其中包括羞耻感、被指责、在家庭中充当替罪羊、被孤立、被社会排斥、被人刻板化或被歧视等内容。

37. 支持性心理干预(supportive psychotherapy) 是一种间断的或持续进行的治疗性干预,旨在帮助患者处理痛苦情绪,强化自身已存在的优势,促进对疾病的适应性应对。

第三章

《中国肿瘤心理临床实践指南 2020》与《中国肿瘤心理治疗指南 2016》相比更新的内容

《中国肿瘤心理治疗指南 2016》于 2016 年首次出版，距今已有 4 年时间，期间国内外心理社会肿瘤学领域也有了更好地发展，发表了许多更高质量的文献，为《中国肿瘤心理治疗指南 2016》的修订提供了更多更好的证据，并更加适合本土的临床实践需要。为了给肿瘤患者及家属提供更佳的心理社会肿瘤学照护，为肿瘤科临床医护人员、精神科医生、心理学专家、缓和医疗领域医护人员等提供更好的证据依据，《中国肿瘤心理临床实践指南 2020》较前版有了一定程度的更新。主要更新内容如下。

一、第二章：编写《指南》的方法学

本章节主要列出了《指南》编写的目标与范畴，编写流程（包括文献检索、证据级别与推荐意见标准），《指南》的结构，缩写词与常用名词定义等，基本上参照了《中国肿瘤心理治疗指南 2016》的内容，仅更新了部分常用名词定义，如战胜恐惧疗法、CALM 心理治疗方法。

二、第四章：恶性肿瘤带来的心理社会挑战以及应对策略

本章节除了介绍了患者、心理社会肿瘤学工作者面临的挑战，又增加了照护者面临的挑战以及肿瘤临床医护人员面临的挑战。恶性肿瘤除了给患者本人带来严重的心理压力外，对患者的家庭来说也是严重的负性生活事件，因此恶性肿瘤患者的照护者也面临很大的压力和挑战。提示我们在关注恶性肿瘤患者心理痛苦的同时，也要时刻留意其照护者的心理状况，应为照护者提供心理干预。此外，在照顾恶性肿瘤患者的过程中，肿瘤临床医护人员也常常体验到心理社会方面的影响，如应激、职业耗竭、抑郁、同情心疲乏等，尤其是照顾临终患者的医护人员。提示我们也要重视肿瘤科医护人员的心理社会问题，在常规的临床工作中加入心理社会肿瘤学的照料，可以获得更高的职业满意度。

在患者面临的挑战中，增加了恐惧恶性肿瘤复发的内容。对于可治愈的恶性肿瘤患者，在一定程度上都存在对恶性肿瘤复发的恐惧，这种恐惧的情绪常持续存在，令患者感到痛苦，降低生活质量。

三、第五章：肿瘤临床医护人员应该关注的患者在不同疾病阶段出现的特定问题

本章以表格的形式非常直观地列出了肿瘤临床医护人员应该关注的、患者在不同疾病阶段（诊断初期、积极治疗期、积极治疗结束后、疾病进展期、生命终末期和居丧期）出现的特定问题和推荐为患者提供的心理社会肿瘤学服

务。在诊断初期信息沟通的内容部分，增加了“根据不同患者的特点和文化背景选择告知的信息内容和信息量”“核实患者自己的应对方式及信息、心理、支持等需求”；在疾病进展期和生命终末期的信息支持部分，增加“提供转诊至缓和医疗、安宁疗护或支持治疗机构的资源”；在照护者居丧期心理支持部分增加了部分具体建议，如“聚焦家庭的哀伤治疗”“如果有可能，医护人员继续与部分患者的家属维持必要的联系，安慰患者的家属，可以通过慰问电话或慰问信的形式，让患者的家属感受到你对患者和他们整个家庭的关心和理解，帮助他们度过哀伤期”等。

四、第六章：医患沟通及告知信息

本章节主要介绍了医患沟通技巧及如何告知坏消息。除了更新了更高质量的文献外，在医患沟通的一般技巧中，增加了不同提问方式的作用与意义。研究表明最有效的方法是使用不同的提问方式从患者处获得完整的信息。问诊时通常以一个开放性问题让患者开始陈述症状，最后以封闭性问题逐渐完善信息。

此外，在告知坏消息部分的告知方式中，增加了预警的重要性与意义。在告知消息时，要给患者预警，为接下来的告知做好铺垫，面对不同的患者，医生需要斟酌不同的消息传达方式。

五、第七章：心理社会筛查及转诊

本章节主要包含两部分内容：①肿瘤患者的痛苦筛查、评估及应答；②如何进行转诊。

其中第一部分内容，在背景部分更新了近期发表的痛苦现状相关的文献；证据部分，除了更新了更高质量的文献外，还增加了对痛苦筛查可接受性以及 PRO 相关支持痛苦筛查的文献，尤其是 Basch 等发表的对于生活质量及生存期影响的文献说明；筛查流程部分，对于筛查工具的解释删掉了内容中的文字介绍，将常用文件用表格进行说明，使读者阅读更加直观；推荐意见部分，增加了对于电子化筛查工具使用的推荐，推荐通过电子化平台对患者的痛苦进行监测，及时观察患者的痛苦水平变化并提供心理社会支持；应答策略部分，增加了对于晚期恶性肿瘤患者心理痛苦的心理社会支持建议。

第二部分为如何进行转诊。证据部分，除了介绍转诊对象、转诊方式、依从性外，增加了向谁转诊的内容。一般来说，应根据患者在问题列表中的选择来决定向谁转诊。存在较严重的实际问题和心理社会问题的患者，应向社会工作者转诊；存在较严重的情绪问题和心理社会问题的患者应向精神科医师、心理治疗师或社会工作者转诊；而心理痛苦主要由身体问题引起的患者，应由临床医护人员来提供帮助。

六、第八章：肿瘤相关症状的精神科管理

本章是新增章节，将《中国肿瘤心理治疗指南 2016》第七章肿瘤相关精神症状及第八章肿瘤患者躯体症状合并为一个章节，并在内容上做了修改。《中国肿瘤心理治疗指南 2016》主要列出了焦虑障碍、抑郁障碍及谵妄这三大精神症状，《中国肿瘤心理临床实践指南 2020》从背景、证据及推荐意见这三部分均作了文献的更新，以提供更高质量的证据。除此之外，还增加了失眠和自杀的精神科管理。躯

体症状部分，《中国肿瘤心理治疗指南 2016》将肿瘤患者常见的躯体症状罗列在一起进行了介绍，为了使读者更加清晰地了解不同躯体症状的管理方法，《中国肿瘤心理临床实践指南 2020》特将常见躯体症状从背景、证据及推荐意见等方面分别进行了介绍，使读者阅读更加清楚。主要包括的躯体症状如下：疼痛、疲乏、恶心呕吐、厌食及恶病质。为促进中医药在肿瘤患者症状管理方面发挥更大作用，本章的药物治疗也将部分临床使用广泛且有证据支持的中药纳入其中。

七、第九章：进展期患者的缓和医疗和临终关怀

本章内容的标题“进展期患者的姑息治疗和临终关怀”改为“晚期恶性肿瘤患者的缓和医疗和安宁疗护”。

1. “缓和医疗概述及其意义”为新增内容。该内容调整了姑息治疗的定义，采纳 NCCN 肿瘤缓和医疗定义，较《中国肿瘤心理治疗指南 2016》采纳的世界卫生组织对缓和医疗的定义更加针对肿瘤患者；补充了缓和医疗和安宁疗护对改善生活质量、延长生存、降低费用等多方面获益的多个证据；增加了推荐意见，如“1.4.2 缓和医疗与积极的抗肿瘤治疗同步实施”“1.4.3 姑息治疗应该由肿瘤专科和跨专业的缓和医疗团队协同实施”。

2. “姑息性抗肿瘤治疗及症状管理” 该内容补充了“临终患者挽救化疗难以获益”的证据；新增加了晚期肿瘤患者抗肿瘤治疗的推荐意见。症状管理章节中，在“疼痛、呼吸困难、厌食 / 恶病质、恶心 / 呕吐、便秘、腹泻、恶性肠梗阻”等部分补充了新的证据。根据新增的证据，在“疼

痛、呼吸困难、厌食/恶病质、恶心/呕吐、腹泻、恶性肠梗阻”等部分更新了推荐。

3. “生命末期照护” 《中国肿瘤心理治疗指南 2016》标题为“濒死和濒死干预”。“生命末期”比“濒死”时间跨度更长,有利于将临终关怀前移。该节增加了“生命末期的沟通及决策”的内容。具体包括预立照护计划、终止抗肿瘤治疗、是否转诊至临终关怀机构、死亡场所的选择、维生医疗的选择等多个生命末期照护事项的证据和内容。推荐意见中用“进行生命末期事项的充分沟通并签署相应医疗文书”替代原推荐“就预后、生命维持治疗、心肺复苏、器官捐献/尸检等进行沟通”,拓展了沟通内容。

八、第十章:肿瘤患者心理干预

本章主要介绍了临床工作人员可以提供的心理干预以及专业的心理干预两个部分。在两个部分的证据环节共增加 13 篇参考文献作为新的证据,分别为教育性干预、认知行为治疗、接纳——承诺疗法、战胜恐惧疗法、尊严疗法、写作情感宣泄疗法、意义中心疗法、CALM 治疗和治疗性生命回顾治疗。其中接纳——承诺疗法、战胜恐惧疗法、CALM 治疗和治疗性生命回顾治疗是《中国肿瘤心理临床实践指南 2020》新增加的心理治疗方法。在本章推荐意见部分,根据新增加的证据也增加了 4 条新的推荐意见。

九、第十一章:不同肿瘤类型患者的特定心理社会问题

本章主要介绍了乳腺癌、胃肠道肿瘤、肺癌、肝胆胰恶性肿瘤以及恶性淋巴瘤患者特定的心理社会问题。在乳腺

癌部分，乳腺癌患者体象痛苦和低自尊、对乳腺癌复发的恐惧以及乳腺癌患者未满足的支持需求部分增加了新的内容和证据。此外，还增加了“乳腺癌带来的积极的心理改变”，并增加了一条新的推荐意见。胃肠道肿瘤部分，增加了关于胃癌患者心理痛苦的新的研究证据，增加了对结直肠癌患者体象及性生活质量方面的新的研究证据，并修改了一条推荐意见。肺癌部分，增加了肺癌与抑郁的关系、肺癌患者心理痛苦方面的新研究证据，增加了戒烟失败可能会引起情绪困扰的证据。肝胆胰恶性肿瘤部分，增加了患者生活质量及其照护重点的新研究证据。恶性淋巴瘤部分，增加了患者认知功能下降、抑郁与淋巴瘤预后的关系等方面的新研究证据。

十、第十二章：对照护者的心理干预

本章为新增章节，恶性肿瘤除了给患者本人带来严重的心理压力外，对患者的家庭和照护人员也是严重的负性生活事件，因此我们在关注恶性肿瘤患者心理痛苦的同时，也要留意照护者的心理状况，为照护者提供心理干预。

本章列举了照护者干预研究的四个领域并提供了证据支持：①支持——教育性干预；②照护技能 / 症状管理干预；③应对技能干预；④聚焦于关系的干预。为了更好地让读者理解并实施对照护者的心理干预，本章用图表的方式列举了临床实践中为照护者提供的基本干预措施，更加直观易懂。在推荐部分，根据相关文献的质量等级进行了推荐，使读者更加有章可循。

第四章

恶性肿瘤带来的心理社会挑战以及应对策略

在我国，恶性肿瘤已经成为严重危害人民生命健康的疾病，发病率和死亡率呈逐年上升趋势。2015 年预计我国恶性肿瘤新发病例数及死亡人数分别为 429.2 万例和 281.4 万例，相当于平均每天 12 000 人新患恶性肿瘤，7 500 人死于恶性肿瘤。恶性肿瘤已成为我国农村居民第 2 位死因、城市居民的首要死因。恶性肿瘤疾病负担及疾病经济负担总体呈上升趋势，给患者家庭和社会造成了极大的痛苦及沉重的负担，也为患者、照护者、肿瘤临床医护人员及心理社会肿瘤学工作者带来很多心理社会方面的挑战。

第一节　患者面临的挑战

恶性肿瘤患者要面临的心理社会挑战，涉及情绪、心理、躯体和实际的问题。一些挑战是所有恶性肿瘤类型的患者都要经历的，有些挑战只局限于某些特定部位的恶性肿瘤患者。恶性肿瘤患者的心理社会问题和需求并不是一成不变的，会随着时间而改变。疾病的不同阶段、不同类型的患者可能会出现特定的问题，需要心理干预，肿瘤临床医护人员应该积极关注(详见第五章、第十章和第十一章)。

一、情绪问题

恶性肿瘤患者会经历很多情绪问题。例如,头颈癌患者的面部畸形会给患者的情绪产生较大的负面影响。对恶性肿瘤及其治疗感到恐惧是患者延迟就医的主要因素之一,如果出现了就医延迟,自罪感和愤怒的情绪可能影响患者接受治疗。在恶性肿瘤诊断和治疗的过程中,常会面临哀伤和丧失,每个人的情绪反应会不同,痛苦水平会随着时间而改变。对于可治愈的恶性肿瘤患者,在一定程度上都存在对恶性肿瘤复发的恐惧。恐惧恶性肿瘤复发(fear of cancer recurrence,FCR)是指害怕、担心或关注恶性肿瘤可能在身体的同一部位或另一部位复发或进展。这种恐惧的情绪常持续存在,令患者感到痛苦,降低患者的生活质量。一些患者在罹患恶性肿瘤后常常受到他人指责或自责,由此产生病耻感,感到羞愧或内疚,尤其在肺癌患者中更突出,肺癌患者被打上与吸烟有关的负面社会标签,承受更高的痛苦,影响了患者的预防、筛查、诊断、治疗和长期生存。

二、心理问题

恶性肿瘤患者常见的心理问题包括自我概念、身体意象、性问题、人际交往困难等。大部分患者都会出现心理痛苦,经历过短暂或轻度的焦虑和抑郁的症状,一些患者会发展为焦虑障碍或抑郁障碍。

(一)自我概念、体象、性问题、人际交往

恶性肿瘤的诊断及治疗对自我概念(self concept)有很大的影响,自我概念是人对自身存在的体验。恶性肿瘤会影响患者的现实自我、社会自我和理想自我。身体意象或体象(body image)是自我概念的一部分,指的是对自身身体、外表和功能的感知和评估。

乳腺癌、前列腺癌、妇科恶性肿瘤、头颈部癌、喉癌和皮肤癌患者常关注体象问题。例如,接受保留乳房手术的乳腺癌患者在整体适应方面好于根治术患者,愿意选择保留乳房手术的人更关心体象受损,更加依赖乳房来建立自尊,认为自己很难适应乳房的缺失。恶性肿瘤患者不仅要面对身体部位的缺失,还常常面临复杂的体象问题。

性问题包括体象、自我尊重、心境、支持、情感连接和亲密感。体象在性问题中有重要的作用,一些并没有影响性器官的恶性肿瘤类型,如头颈部癌、喉癌、肺癌和霍奇金病的患者也会出现性功能问题。所以不论恶性肿瘤所属类型,都应关注患者的性问题。焦虑、抑郁情绪、人际关系改变对躯体健康的担忧以及治疗带来的身体变化都会影响性功能。

恶性肿瘤和恶性肿瘤治疗会让人际关系变得更复杂,如果患者在患病前就有婚姻或家庭等人际关系问题,那么患病后患者会感到有更多的心理问题,会影响患者对患病后生活的适应能力。恶性肿瘤诊治过程中要考虑各方面问题,如患者的自尊和体象问题,告知病情和治疗方案的时机和程度,以及性问题、生育和生存期问题等对人际关系的影响。

(二)心理痛苦

恶性肿瘤患者出现心理痛苦很常见,在一些存在高危

因素的患者中更常见。心理痛苦会导致患者的生活质量更差，治疗依从性变差，预后更差。痛苦症状是一个连续谱系，美国国立综合癌症网络（National Comprehensive Cancer Network，NCCN）1997 年就制订了心理痛苦治疗标准和实践指南逐年更新，推荐使用单一条目的心理痛苦温度计（distress thermometer，DT）对患者进行快速筛查。痛苦筛查是一种便捷的初级评估模式，有助于及时发现恶性肿瘤患者由于疾病诊治引起的躯体和情感负担。加拿大也制订了痛苦管理指南，建议对所有肿瘤患者进行常规痛苦筛查（详见第七章）。

国外研究表明，25%~45% 的恶性肿瘤门诊患者有显著心理痛苦，而只有不到 10% 的患者被转诊而得到相应的服务，仍然存在肿瘤患者心理问题识别不足和治疗不足的现象，但是 50% 有心理痛苦的患者几乎都拒绝心理社会服务。于是美国医学研究所在 2007 年发表的《恶性肿瘤全人照顾：满足患者的心理社会需求》报告中指出，患者的心理社会维度，包括合理的评估和干预均应纳入所有恶性肿瘤患者的常规治疗中。

（三）精神问题

恶性肿瘤患者常见的精神障碍包括焦虑障碍（anxiety disorders）、抑郁障碍（depressive disorders）和谵妄（delirium），患病率为 10%~30%，终末期恶性肿瘤或某些恶性肿瘤类型的患者抑郁患病率更高，终末期患者谵妄高达 85%。焦虑和抑郁会导致因恶性肿瘤死亡的风险增加 27%。应激易感人格、不良的应对方式、负性的情绪反应以及生活质量差的人，恶性肿瘤生存期更短，死亡率更高。

三、躯体症状

恶性肿瘤患者常因疾病本身或治疗出现大量的躯体症状，如恶心、呕吐、疼痛、乏力、淋巴水肿、畸形、便秘、认知问题、交流困难、吞咽困难、呼吸症状、食欲丧失、营养不足和生育等问题，影响患者的生活质量，增加患者出现严重焦虑和抑郁的风险（详见第八章）。

四、实际问题

恶性肿瘤诊治过程中，患者会面对很多实际问题，包括医疗保险、信息咨询、交通、住宿、照顾孩子 / 老人、工作、家务等。许多患者因生病丧失劳动能力而面临严重的经济负担。对这些问题的担忧以及如何获得相关的信息会影响患者的治疗和健康。有研究发现，来自农村的恶性肿瘤患者结局更差，因为外出就医会带来很多实际问题和经济问题，也会引发患者对家庭和工作的担忧，造成患者的思想负担和情绪问题。

五、临终问题

临终患者需要应对不断出现的躯体症状，当想到迫近的死亡时，他们也不得不面对存在和灵性的问题，并且这些灵性问题会影响患者的诊断和治疗。家属和照顾者会面临丧失、哀伤和居丧的问题（详见第九章）。

第二节　照护者面临的挑战

恶性肿瘤除了给患者本人带来严重的心理压力外，对患者的家庭来说，也是严重的负性生活事件，因此恶性肿瘤患者的照护者也面临很大的压力和挑战。恶性肿瘤从情感、认知和行为上都会影响到整个家庭，常常会改变家庭的日常生活、现在和将来的计划，以及家庭内部成员对自己和其他家人的看法。在传统家庭观念的影响下，中国家庭对恶性肿瘤所带来的这些变化体会更深，因此在关注恶性肿瘤患者心理痛苦的同时，也要时刻留意其照护者的心理状况，应为照护者提供心理干预（详见第十二章）。

面对恶性肿瘤，不仅患者会出现情绪问题，照护者也会出现无助、恐惧甚至焦虑、抑郁等情绪问题。Lambert 等的一项研究显示 50% 的癌症照护者有焦虑或抑郁症状，有时患者配偶的抑郁情绪比患者本人更严重。在有精神障碍的恶性肿瘤患者照护者中，只有 46% 的人寻求心理服务。照护者对精神科医生和精神科药物的负面看法，病耻感，照顾角色的转变，精神卫生服务知识的不足以及经济压力，社会支持差都是影响照顾者寻求心理服务的障碍。照护者也会出现对恶性肿瘤复发的恐惧情绪，尤其患者存在高度的复发恐惧时。Wu 等的一项研究显示，前列腺癌患者配偶对恶性肿瘤复发的恐惧程度显著高于患者，随着时间的推移，患者和配偶的恐惧逐渐减弱。

照护者在巨大的压力下，不仅会出现情绪问题，也会出现失眠等躯体症状，36%~95% 的照护者有失眠的症状，失眠可能导致照护者发生抑郁的风险增加，应对困境的能力变差，变得更神经质。肿瘤临床医护人员应常规评估照护者的睡眠和心理状况，提供教育和干预帮助照护者改善睡眠及心理状态，提高生活质量。例如，William 等的一项研究显示对照护者进行触摸疗法和按摩的培训后，提高了照顾的自我效能感和满意度；且患者舒适度增加，疼痛、抑郁等痛苦症状减轻。

第三节　肿瘤临床医护人员面临的挑战

随着当今市场经济的发展和医疗制度的变革，多元化的利益主体对医生产生了相互冲突的角色期待与角色要求，当这些期待彼此出现矛盾或个体对过多的角色期待难以应付时，就必然会导致医患关系的紧张。恶性肿瘤患者面对威胁生命的疾病时需要肿瘤临床医护人员投入大量的精力和情感，患者希望医护人员提供亲人角色和专家角色，但医护人员更愿意尊重患者的自主权而放弃专家角色，医患双方对医生角色认识的差异容易导致医患双方互不理解，因此肿瘤临床医护人员在与患者沟通时面临巨大的挑战。

研究发现，79% 的终末期恶性肿瘤患者和 70% 的家属希望知道预后，知晓终末期病情的患者生活质量更好，症状更少，心理痛苦更低。因此如何告知坏消息和预后则是医患沟通的重点和难点内容（详见第六章）。国内一项研究表明，肿瘤外科医生的共情能力相对较低，其共情能力受性别、学历、职称、用工形式影响，建议医院管理者应重视医生共情能力的提升，开展有针对性地培训，提升医生的人文胜任力，为患者提供更有温度的诊疗服务，最终提高患者的生活质量。

在照顾恶性肿瘤患者的过程中，肿瘤临床医护人员常体验到心理社会方面的影响，如应激、职业耗竭、抑郁、同情心疲乏等，尤其是照顾临终患者的医护人员。He 等的研究表明，经历心理社会肿瘤学培训具有双重角色的肿瘤科医护人员职业耗竭程度更低，纯粹的肿瘤科医护人员职业耗竭程度更高，提示肿瘤科医护人员在常规的临床工作中加入心理社会肿瘤学的照料，可以获得更高的职业满意度。

第四节　心理社会肿瘤学工作者面临的挑战

有大量证据表明有效的心理社会服务可以改善恶性肿瘤患者的结局。中国恶性肿瘤生存者的巨大需求与中国心理社会肿瘤学在服务开展、科学研究、人员培训、经济支持等方面的亟须发展形成了强烈的反差。这给中国的心理社会肿瘤学工作者带来了压力和挑战，主要体现在以下几个方面。

一、心理社会服务未满足患者的需求

肿瘤患者的各种症状包括精神心理症状需要被干预，只有满足患者的心理社会需求，才能提供高质量的抗肿瘤综合治疗，但在 2016 年之前我国并没有官方文件来关注肿瘤患者的心理。我国恶性肿瘤患者的心理问题及精神问题的识别率仍然较低。在我国，提供心理社会服务还存在很多观念和文化上的障碍，很多人认为心理问题不是病，心理干预没有效果，因此患者的心理问题并没有得到重视，许多非精神科医生认为如果患者有心理问题会主动告诉他们。此外，很多临床医生对患者心理社会需求的认识和重

视程度不足，而大多恶性肿瘤患者也不愿向临床医生寻求心理社会帮助，一方面由于精神疾病带来的病耻感，即一种负性经历的标记，其中包括羞耻感、被指责、在家庭中充当替罪羊、被孤立、被社会排斥、被人刻板化或被歧视等内容，另一方面害怕被贴上“疯子”的标签。

二、研究的数量和质量亟待提升

从数量上讲，2003 年以前肿瘤心理领域的研究数量非常少，近年开始增长。2013 年一篇综述显示，中国内地在 14 年间（1999—2012 年）发表的质量较高的肿瘤心理领域的英文研究论文数量只有 56 篇，低于中国香港（74 篇）和中国台湾（78 篇）。虽然自 2009 年至 2012 年呈逐年增长的趋势，但中国内地仍需要增加高质量科研论文的数量。从研究关注的恶性肿瘤类型来讲，乳腺癌患者最多，其他恶性肿瘤类型也应得到广泛的关注。目前的科研现状是医生和研究人员缺少更多的合作——临床医生由于临床工作繁忙，很难开展大量的研究，而研究人员也因为无法发现大量的临床现象而使研究脱离临床的需求。

三、人员培训尚未专业化、系统化

我国还没有完整系统的心理社会肿瘤学的教学体系，只是在一些大学有零散的教师队伍有兴趣研究心理社会肿瘤学，并因此培养了一些该专业的研究生。所以从长远来讲，还无法满足该学科发展的需要。而美国斯隆凯特琳恶性肿瘤纪念医院早在 1979 年就建立了心理社会肿瘤学培训项目，针对精神科医生和心理学家进行针对性的训练。我国的心理健康服务的教育与培训还没有形成多层次、系列化、正规学历教育与继续教育相结合的体系，而专业化是心理健康服务的发展方向，相关的学历教育在其中承担着知识与技能传承的使命，只有少数高校心理学系针对企业或医院的心理健康服务培养人才，远远不能满足社会对心理健康服务的需求。

四、对心理社会服务投入的经济支持不足

发达国家的研究资金来源广泛，且相对来说资金雄厚，有来自国家、各种协会、制药公司的基金，也有慈善机构的赞助，以至于他们为患者提供的一些心理社会服务已经不以盈利为目的，甚至是免费的。在我国，心理健康服务模式主要分为医学、教育、社会三种，尚未整合为一个有机的整体，目前我国心理健康服务工作实施的是以政府投资为主体的多渠道、多方位、多层次投入体系，存在投入不足的问题。

第五节　应对策略

一、推动心理社会肿瘤学科发展

心理社会肿瘤学（psycho-oncology）自 20 世纪 70 年代中期成立起，主要致力于研究恶性肿瘤患者及其家属在疾病发展的各阶段所承受的压力和他们所出现的心理反应，以及心理、行为因素在恶性肿瘤的发生、发展及转归中的作用。心理社会因素在恶性肿瘤的发生发展及诊疗、护理过程中起到了非常重要的作用，将心理社会领域的内容整合到恶性肿瘤的临床治疗护理当中是医学发展的必然。

为了推动心理社会肿瘤学科发展，应对肿瘤带来的心理社会挑战，全国的心理社会肿瘤学工作者一直在努力。具体工作如下：①建立全国及省级协会：2006年，中国抗癌协会肿瘤心理学专业委员会（CPOS）成立。随后，各地陆续建立了省级肿瘤心理学专业委员会。②举办学术会议：CPOS学术年会影响力逐渐覆盖全国，成为国内心理社会肿瘤学界的学术盛会。③在肿瘤专科医院建立心理专业科室。④开展心理社会肿瘤学相关研究。

二、建立心理社会服务模型

美国医学研究所提供了一种简便易行的心理社会服务模型，如图4-1。该模型建议：识别患者的心理社会需求，制订和实施心理社会照料计划，既能链接到患者的心理社会服务，又能协调医疗和心理社会治疗，使得患者能够管理疾病和健康；系统性地随访患者，按照需要进行再评估和调整治疗计划。建立心理社会服务模型的基础是建立最优化的转诊体系，临床以及心理社会肿瘤学医生都应建立自己的转诊体系，为患者提供心理支持和关怀（详见第七章）。

2016年3月，国家卫生计生委发布《关于加强肿瘤规范化诊疗管理工作的通知》，在优化肿瘤诊疗模式中明确指出关注患者的心理和社会需求，结合医学模式转变，医疗机构和医务人员要关心、爱护肿瘤患者，了解患者心理需求和变化，做好宣教、解释和沟通；鼓励有条件的医疗机构开展医务社会工作和志愿者服务，为有需求的患者链接社会资源提供帮助。

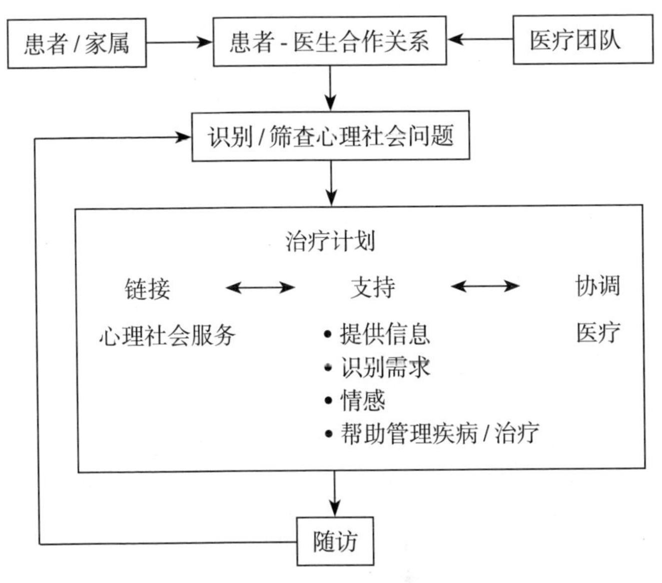

图4-1 心理社会服务模型

三、多学科团队的合作

在心理社会服务体系尚未建立时，心理社会肿瘤学工作者要积极参与到肿瘤的多学科团队(multidisciplinary team，MDT)中。MDT是以患者为中心，在综合各学科意见的基础上，为患者制订出最佳个体化治疗方案的模式。心理社会肿瘤学工作者在多学科团队中可以承担的任务主要包括帮助控制躯体和精神症状，提供心理治疗改善心理社会问题，解决患者的灵性问题，加强医患沟通，居丧支持等。在多学科团队中提供心理社会服务的意见也有助于改变只关注于躯体症状的临床医生的观念。

四、教育及培训

对患者和家属或照护者进行教育，有助于将心理社会服务整合入患者的治疗中。通过培训，帮助患者和生存者获得信息、作出决策，解决问题和更好地与医生沟通。对医护人员进行继续教育和培训，有助于患者得到心理社会服务。心理社会服务的有效性取决于服务人员的培训、技巧、态度和信念。与恶性肿瘤患者沟通，需要表达共情和提供通俗易懂的医疗信息的技巧，失败的沟通往往与医务人员的信心不足和知识缺乏有关。医患沟通培训可以提高临床肿瘤医务人员的信心和理论水平，有助于识别患者的心理社会问题。照顾终末期患者，或感到不能为患者和家属减轻痛苦对临床医生来说是一种应激，聚焦于医患关系的巴林特小组可以用来减轻临床医生的职业耗竭。

五、促进开展研究

通过多渠道募集资金促进开展研究，带动肿瘤心理领域的发展。未来的研究方向涉及心理社会需求评估工具的开发，配偶、家属或照顾者的支持策略，患者和家属的心理社会干预，患者和家属以及医生的教育，如何为心理社会研究和干预募集基金等。

第五章

肿瘤临床医护人员应该关注的患者在不同疾病阶段出现的特定问题

本章以表格的形式非常直观地列出了肿瘤临床医护人员应该关注的、患者在不同疾病阶段（诊断初期、积极治疗期、积极治疗结束后、疾病进展期、生命终末期和居丧期）出现的特定问题和推荐为患者提供的心理社会肿瘤学服务，如表5-1。

表5-1　肿瘤临床医护人员应该关注的患者在不同疾病阶段出现的特定问题

阶段	问题	建议	证据等级
诊断初期	1. 信息沟通的内容（详见第六章）	1. 及时告知患者/家属关于诊断、治疗、预后以及检查结果的重要信息，根据不同患者的特点和文化背景选择告知的信息内容和信息量	强烈推荐 证据等级高
		2. 患者有足够的时间和医生讨论她/他认为重要的事情	强烈推荐 证据等级高

续表

阶段	问题	建议	证据等级
		3. 医生要询问患者关于自己的病情想要了解多少，以及希望谁来参与她/他的治疗决策	中等推荐 证据等级中等
		4. 核实患者自己的应对方式及信息、心理、支持等需求	中等推荐 证据等级低
	2. 信息沟通的方式（详见第六章）	1. 重视患者主观报告的感受和症状的严重程度，鼓励提问，留给患者提问的机会	强烈推荐 证据等级高
		2. 建议借鉴 SPIKIES 模型或 SHARE 模型的理论进行告知	强烈推荐 证据等级中等
		3. 关于患者的治疗选择，以及每种选择的优劣最好能够提供给患者书面的资料，便于他们回家后进一步考虑	强烈推荐 证据等级中等
		4. 沟通过程中关于治疗方案和过程的重要信息能够给予患者书面的资料，以免他们遗忘	强烈推荐 证据等级中等
		5. 根据不同患者的特点和文化背景选择告知的信息内容和信息量，以一种相对积极的方式告知患者病情	强烈推荐 证据等级中等
	3. 心理支持（详见第七章、第十章）	1. 询问患者得知诊断后的情绪状况，对于过度紧张、焦虑或情绪抑郁的患者，及时转诊至肿瘤心理科或精神科接受专业的评估和干预	强烈推荐 证据等级高

续表

阶段	问题	建议	证据等级
		2. 对于诊断期的患者最常用的心理干预是支持性干预和教育性干预	强烈推荐 证据等级高
积极治疗期	1. 手术	1. 术前告知患者要接受手术过程的细节信息，再次确认患者对治疗的预期和需求	弱推荐 证据等级低
		2. 在术前告知患者术后大致的疼痛程度和时间，让患者对术后疼痛程度有比较准确的预期和适当的心理准备，教会患者运用调节呼吸、分散注意力、变换体位等方法放松身心和局部，掌握咳嗽或活动时保护伤口的方法，达到减轻疼痛目的。最后，使其了解个体对疼痛的耐受性不同，强调疼痛较严重时可用止痛药物，不必担心成瘾	强烈推荐 证据等级中等
		3. 术前要与患者充分沟通，评估患者术前焦虑的程度，对于术前焦虑的患者要了解其焦虑的原因给予帮助，必要时邀请肿瘤心理科或精神科会诊	强烈推荐 证据等级中等
		4. 术后如果患者出现睡眠倒错、意识障碍、幻觉、攻击冲动或嗜睡、痴呆等表现要注意评	强烈推荐 证据等级高

续表

阶段	问题	建议	证据等级
		估是否出现了谵妄症状，必要时要请肿瘤心理科或精神科医生会诊给予恰当的药物处理	
		5. 术后出院前及术后第一次复查时要注意评估患者的焦虑、抑郁情绪，对于有焦虑、抑郁的患者要及早转诊至肿瘤心理科或精神科接受干预	强烈推荐 证据等级高
		6. 给患者提供必要的信息支持。例如，乳腺癌患者要告知从哪里可以获得义乳或乳房重建；对于有造口的患者应告知从哪里可以获得造口袋以及应当如何护理造口；患者对来自医疗专业人员的信息和支持需求非常强烈；一些新型症状管理设备和模型可以被运用到患者术后的恢复中	强烈推荐 证据等级中等
	2. 放疗	1. 对于放疗前的患者要再次确认患者对治疗的预期和需求，并给予教育性干预以消除患者紧张恐惧感。教育内容包括介绍放疗程序，带领患者参观放疗机房及放疗设备，讲解放疗可能出现的不良反应及其	强烈推荐 证据等级中等

续表

阶段	问题	建议	证据等级
		预防和处理的方法，说明治疗时坚持体位的重要性和单独留在室内的原因等，鼓励患者提问并予以耐心解释	
		2. 评估患者放疗前焦虑的程度，对于放疗前焦虑的患者要了解其焦虑的原因并给予帮助，必要时邀请肿瘤心理科或精神科会诊	强烈推荐 证据等级中等
		3. 关注放疗过程中患者出现的疼痛等不良反应，以及不良反应对患者睡眠和情绪的影响，给予相应的医疗或护理处理，如果患者出现失眠、情绪问题或疼痛控制不理想，可以邀请肿瘤心理科或精神科会诊	强烈推荐 证据等级中等
	3. 化疗 （详见第八章、第九章、第十一章）	1. 在化疗前再次确认患者对治疗的预期和需求，向患者介绍化疗可能会引起的不良反应及应对策略，以及可获得的资源	弱推荐 证据等级中等
		2. 在化疗前教给患者肌肉放松技术以及图像引导性想象，以便在化疗过程中能够放松，避免过于关注化疗过程中的细节，预防预期性恶心、呕吐的发生	强烈推荐 证据等级中等

续表

阶段	问题	建议	证据等级
		3. 关注患者在化疗当中出现的不良反应，并及时给予医疗和护理方面的处理	强烈推荐 证据等级高
		4. 如果患者在化疗过程中出现了失眠、焦虑、抑郁，预期性的恶心呕吐等症状，或者出现常规药物难以控制的恶心呕吐症状，可以邀请肿瘤心理科或精神科会诊	强烈推荐 证据等级中等
		5. 化疗过程中医护人员要多与患者沟通，邀请患者提问并耐心回答问题，给予患者和家属鼓励和支持	强烈推荐 证据等级中等
		6. 对于年轻、未育的乳腺癌患者，在化疗前应询问其是否有生育方面的需求，给予信息支持或转诊至生育专家	弱推荐 证据等级中等
积极治疗结束后	1. 信息支持	1. 告诉患者在家里可以做些什么来促进康复，以及出现问题时如何应对，如症状管理和一些医疗信息	强烈推荐 证据等级高
		2. 告诉患者治疗结束后的随访计划和协同护理相关内容，最好提供书面的资料避免患者遗忘	强烈推荐 证据等级中等

续表

阶段	问题	建议	证据等级
		3. 给患者提供一些康复方面的资料（光盘、书籍、图片、网络资源等）	强烈推荐 证据等级中等
	2. 心理支持	1. 关注患者的情绪，特别是在术后半年或1年内要评估患者的焦虑、抑郁情绪以及对疾病进展的恐惧程度。对于焦虑、抑郁或严重恐惧担忧的患者要转诊至肿瘤心理科或精神科接受评估和干预	强烈推荐 证据等级中等
		2. 对于刚结束治疗进入康复期的患者，可以给予团体干预，旨在帮助患者获得康复知识，减轻焦虑、抑郁，提高生活质量，促进康复	强烈推荐 证据等级中等
		3. 告知患者如何加入恶性肿瘤康复会或抗癌乐园等患者团体组织	强烈推荐 证据等级低
		4. 对于乳腺癌、结直肠癌和妇科肿瘤患者，医生在随访时可以主动询问患者性生活的恢复情况，提供信息支持，如果有必要转诊至肿瘤心理专家或性心理专家接受干预	强烈推荐 证据等级中等

续表

阶段	问题	建议	证据等级
		5. 如果患者在治疗后外貌有所变化(例如脱发、水肿、乳房缺失、有造口等)应注意评估是否有体象障碍	强烈推荐 证据等级中等
		6. 可以询问患者的个人生活、夫妻关系以及家庭生活的恢复情况,如果发现患者在回归正常生活、夫妻关系以及家庭关系方面存在问题可以转诊至肿瘤心理科或精神科接受夫妻及家庭干预	弱推荐 证据等级低
疾病进展	1. 告知坏消息(详见第六章)	1. 尚无强有力的证据支持告知或不告知坏消息是唯一选择,需要根据患者和家庭的具体情况,帮助分析其利弊大小,权衡告知过程。建议借鉴 SPIKIES 模型或 SHARE 模型的理论进行告知	强烈推荐 证据等级中等
		2. 告知过程中关注患者的情绪反应并给与共情的回应	强烈推荐 证据等级高
	2. 信息支持	1. 告知患者和家属下一步可能的治疗选择,并详细分析每种治疗选择的优劣	强烈推荐 证据等级中等
		2. 鼓励就患者 / 家属说出自己的担忧和顾虑,就他们关注和担心的问题予以充分讨论	强烈推荐 证据等级中等

续表

阶段	问题	建议	证据等级
		3. 提供转诊至缓和医疗或支持治疗机构的资源	强烈推荐 证据等级中等
	3. 症状控制（详见第八章、第九章）	1. 关注并及时、妥当处理患者出现的躯体症状	强烈推荐 证据等级中等
		2. 鼓励患者在有躯体症状出现的时候及时与医疗团队沟通	强烈推荐 证据等级中等
		3. 关注并及时、妥当处理患者出现的精神症状	
	4. 心理支持（详见第七章、第十章）	1. 建议使用心理痛苦温度计评估患者的心理痛苦的等级和来源。如果心理痛苦得分＞4分，且主要由情绪问题引起可以转诊至肿瘤心理科或精神科	强烈推荐 证据等级中等
		2. 主动询问患者的感受，鼓励其表达情绪，并给予共情的反应	强烈推荐 证据等级低
		3. 可以推荐患者接受针对于晚期恶性肿瘤患者的支持—表达治疗、意义中心治疗	强烈推荐 证据等级中等
生命终末期	1. 信息支持（详见第六章）	1. 真诚地与患者沟通病情和预后，让患者对自己的生存期有合理的预估，告知坏消息时依然推荐参考 SPIKES 模型或 SHARE 模型	弱推荐 证据等级低

续表

阶段	问题	建议	证据等级
		2. 告知患者目前有哪些治疗选择，以及不同的治疗选择会如何影响患者的生命长度和生活质量	弱推荐 证据等级低
		3. 邀请患者提问，参与讨论以重新设定生命终末期的照护目标和相关需求	弱推荐 证据等级低
		4. 可与患者和家属讨论预立医嘱的事宜，包括呼吸机的使用，心肺复苏和重症监护	弱推荐 证据等级低
		5. 提供转诊至缓和医疗、安宁疗护或支持治疗机构的资源	强烈推荐 证据等级中等
	2. 症状控制（详见第八章、第九章）	1. 注意评估患者的疼痛、疲劳等躯体症状	强烈推荐 证据等级高
		2. 以缓和医疗为主，最大限度地缓解患者的躯体症状	强烈推荐 证据等级高
		3. 舒适护理，让患者最大限度地感到舒适	强烈推荐 证据等级中等
	3. 心理支持（详见第十章）	1. 以共情的方式对待患者，帮助他们修改不切实际的目标，鼓励患者维持着可以达成的希望，并帮助患者实现，例如和家属共度一段美好的时光，会见亲密的朋友等	强烈推荐 证据等级高

续表

阶段	问题	建议	证据等级
		2. 心理支持或干预主要方法或目标：认知改变、人生回顾、加强意义、维持尊严、叙事等，音乐、协作等形式也可以采用	强烈推荐 证据等级高
		3. 患者的生命进入终末期，配偶和家属的陪伴会是心理痛苦的缓冲剂，因此也可以给予夫妻干预或家庭干预来促进家属之间的相互支持，共同面对即将到来的死亡	弱推荐 证据等级低
		4. 询问患者是否有未完成的心愿，以及对自己死亡和死后事宜的安排。在临终和告别方面给患者一些支持，让他们和家属更好地进行这些方面的交流	弱推荐 证据等级低
居丧期	心理支持（详见第十章）	1. 癌症患者去世后，家人有可能会出现一些症状，如抑郁、适应障碍、复杂性哀伤、延迟性哀伤等，与逝者关系的亲密程度、提供照顾的时间长短等因素都会影响这一过程	强烈推荐 证据等级高
		2. 如果有可能，医护人员继续与部分患者的家属维持必要的联系，安慰患者的家属，可以慰问电话或慰问信的形式，让	强烈推荐 证据等级中等

续表

阶段	问题	建议	证据等级
		患者的家属感受到你对患者和他们整个家庭的关心和理解，帮助他们度过哀伤期	
		3. 可以采用家庭关系指数量表(FRI)对家庭功能进行评估，如果属于复杂性哀伤的高风险家庭可以推荐其接受专业的家庭干预，提前准备死亡可以有效地减小复杂性哀伤的风险	强烈推荐 证据等级中等
		4. 如果家庭中有个别家庭成员难以走出哀伤之痛，可以推荐其接受团体或个别的哀伤辅导，如聚焦家庭的哀伤治疗	强烈推荐 证据等级高

第六章

医患沟通及告知信息

第一节　一般沟通技巧

一、背景

有效的医患沟通技巧对应用循证医学十分重要，一直以来，病史都是做出诊断的最重要证据，1975 年和 1992 年的两项研究显示，即使经过了 20 年，依据病史的正确诊断率仍很高。在与肿瘤患者的沟通中，例如告知诊断，讨论临终前的治疗和提供情感支持，都是非常具有挑战性的，因此，有效的医患沟通被认为是高质量肿瘤照护当中及其重要的内容。医患沟通技巧不是与生俱来的，研究表明，医生的沟通能力存在系统性的缺陷，他们常会打断患者转移话题，使患者无法完全表达自己的问题，这种情况会导致医生开出患者不需要或者不会使用的处方，并最终使患者不能坚持治疗。为此制订和实施了一些方案，用以培训医生和其他医疗专业人员，使他们能够更有效地与肿瘤患者沟通。Moore 等的最新一篇对肿瘤临床医疗专业人员的医患沟通技能培训的综述显示，不同的医患沟通能培训看起来可以改善医疗人员的支持技能，帮助医疗人员不仅提供事实，还能对患者的情绪做出反应或提供情绪支持。但是无法确认医患沟通技能的提高是否能随着时间的推移而持续，哪种医患沟通技能培训最有效。没有发现证据支持医患沟通技能对医疗人员“耗竭”有益，或者对肿瘤患者心理、生理健康和满意度有好处。

二、证据

（一）共情（empathy）

共情是 1909 年 Edward Titchener 创造的一个新词汇，并把它定义为：“将客体进行拟人化的过程，并感受到自己进入到客体内部与其共通的过程。”临床医生在咨询的开始阶段要使用开放式提问，给予共情，并善于发现患者话语里的深层含义，这样会更容易识别出患者的心理痛苦。虽然这项研究是在家庭医生中开展的，但是这些有成效的医患沟通技巧同样适用于肿瘤患者的临床治疗中。Lelorain 的一篇关于医疗人员共情与肿瘤患者结局的系统综述显示，共情会增加患者满意度，减轻患者痛苦。该综述纳入的研究基本都是从患者的角度来评价共情的，缺乏来自医生的评价，这对理解医患间共情的全面性有所影响。在一项评价医生的共情对患者焦虑影响的随机对照研究（123 名乳腺癌患者和 87 名非患癌女性）中，相比对照组，干预组会观看 40 秒“增强共情”的视频，视频里医生了解患者的心理需求，给予支持和陪伴，理解患者的情绪状态，触摸患者的手以及使患者感到安心，研究结果表明观看完“增强共情”视频的被试者，其焦虑水平显著低于对照组，仅仅 40 秒的增强共情，却有显著改善焦虑的效果。这项随机对照研究证明了共情对于焦虑的作用，但是研究样本局限于文化程度较高，收入较高的白种人，对于结论的推广性有一定的影响。另外一篇关于共情改善医患关系的综述显示，共情能力有利于医务人员作出有助于患者的适当反应，促进医患关系，有利于患者的临床结局。如果医护者能够给患者更多的情绪认知关注和共情反应，将有助于建立合作、和谐的医患关系模式。目前国内关于共情改善医患沟通尚无实证性研究。

（二）不同的提问方式

与患者交流时医生需要注意疾病的两种叙述，其一是患者视角的叙述，其二则是生物医学疾病视角的叙述，也就是体征（来自体格检查）和症状（来自患者叙述）。研究表明，最有效的方法是使用不同的提问方式从患者处获得完整的信息。问诊时通常以一个开放性问题让患者开始陈述症状，最后以封闭性问题逐渐实现信息的完善。

（三）非言语交流

患者与医生间的沟通，意味着患者和医生之间交换语言性和非语言性的讯息。成功的沟通不仅只有语言，连同表情、姿势、动作、语气及语调等非语言性讯息也扮演着很重要的角色。一项研究显示，在沟通过程中，言语占沟通中的 7%，音调占 38%，而表情、姿态、动作等占 55%。Mast 关于医患互动中的非语言交流（包括眼神交流、点头、语调等）的综述显示，非语言交流在医患关系中非常重要，非言语交流会影响患者对医生的满意度和治疗依从性，医生也可以通过患者的非语言动作、表情等来与患者进行诊断、治疗决策方面的沟通。Little 的随机对照研究显示，给予医生简短的非语言沟通培训，提高了患者的满意度，降低了患者的痛苦，改善了关系，促进了患者健康。

虽然该研究样本量少，但显示了非语言交流在沟通中的重要性。

（四）沟通过程中要确保患者理解和记忆

相关综述研究显示，患者在一次会谈中会忘记大量的信息。2008 年发表在《临床肿瘤学杂志》上的一项关于 260 名新诊断恶性肿瘤患者对就诊信息回忆的研究发现，医生在告知信息的时候，给予患者的信息越多，患者能够回忆起来的越少。有证据显示，理解和回忆可以通过以下方式提高：①给予清晰的、具体的信息；②解释医学术语和避免医学专业术语；③针对不同的患者给予不同的告知方式，而不是固定的方式；④最先告知最重要的信息；⑤重复和总结重要的信息；⑥主动鼓励提问；⑦主动询问理解程度，如“到现在为止，我所解释的都清楚吗？您可以总结一下您的理解是什么吗？”。以上证据均来自观察研究，不是随机对照研究。国内由 24 家医院、8 所大学和 6 个学术团体于 2008 年共同起草、制订的《肿瘤患者告知与同意的指导原则》中也指出，要采取个体化原则告知，鼓励患者或家属提出自己的疑惑，并尽可能地给予解答，吸取其合理的意见，满足其合理的要求。该指导原则是国内伦理学性质的文件，是属于经验性共识。

（五）以患者为中心的沟通模式

目前的医患沟通模式主要有以患者为中心和以医生为中心这两种模式，以患者为中心的模式包括更多的情感行为（如共情、公开的态度、给予患者保证），并且让患者参与到决策制订中，这种医疗模式试图理解患者的疾病、症状体征，患者对疾病的感受、体验以及疾病对生活的影响；而在以医生为中心的模式中，临床医生是聚焦于完成任务，往往会表现出更多的控制行为和更少的共情。Dowsett 的一项关于乳腺癌患者的研究发现，患者及其家属更喜欢以患者为中心的沟通模式，特别是预后不好的患者更倾向于这种模式，该研究同时还强调也有少数患者喜欢以医生为中心的沟通模式，至少在某些时候，所以临床医生需要在这一点上察觉和评估患者的需求。Zwingmann 的一项随机对照研究显示，在告知肿瘤患者诊断时，采用以患者为中心的沟通模式，可以降低患者的焦虑，而且患者对医生的信任度明显提高。以患者为中心的沟通模式在目前越来越广泛应用。

三、推荐意见

1. 临床医生在与患者沟通中应该注意共情，了解患者的感受，采用开放式与封闭式问题结合的方式，在交流中恰当地使用适合患者的非语言交流（强烈推荐，中等质量证据）。

2. 临床医生在沟通过程中应该要确认患者对交流内容的理解和记忆，用通俗易懂的话语来告知医学信息，解释难懂的术语并避免医学专业术语，鼓励患者提问并主动询问患者的理解程度（强烈推荐，低质量证据）。

3. 我们推荐以患者为中心的咨询方式，但在少数情况下，临床医生需要及时觉察到某些喜欢以医生为中心沟通方式的患者（强烈推荐，中等质量证据）。

第二节 告知坏消息

一、背景

所谓坏消息，是对被告知者期望的目前或将来的情况进行否定的消息。肿瘤的诊断、复发、转移、终止治疗都是坏消息。告知患者肿瘤诊断的方式不仅会影响患者对疾病的理解，也会影响他们长期的心理适应。20 世纪 60 年代，临床医生对于恶性肿瘤患者诊断的告知、病情进展的告知也是尽量回避或者避重就轻，主要是担心患者心理上难以承受身患肿瘤的事实，并由此产生绝望，使医疗、护理难以进行。然而，这些观念目前已经发生了很大改变，一项对 2 231 名肿瘤患者的大型调查显示，87% 的患者希望尽可能地了解情况，无论其好坏，98% 的患者则希望知道自己是否患上肿瘤，而且研究也认为坏消息的告知是可行的。国内一项研究将 128 名住院晚期肿瘤患者分成病情告知组（n=60）和不知病情组（n=68），探讨病情告知对肿瘤晚期患者抑郁焦虑的影响，结果显示不知病情组与告知病情组相比，焦虑抑郁情绪更严重，研究建议应该向患者交代病情，注意告知方式方法，提高缓和医疗效果，提高生活质量。

二、证据

（一）设置

患者通常会从门诊、病房、医生办公室或者是检查结果中获知诊断消息。在 Fujimori 关于告知坏消息的综述中，对于设置的要求包括告知需要面对面的咨询，需要有充足的时间，以及告知需要在一个安静的并且能保护隐私的地方进行。此外，40%~78% 的患者希望告知时有家属陪同。国内黄雪薇等的一项纳入 311 名恶性肿瘤患者的问卷调查研究发现，大部分患者对于诊断告知设置的期望为肿瘤科医生在最短时间内、面对面地、在医院内、以关心同情或较好接受的态度告知患者本人或其家属恶性肿瘤诊断。

（二）告知方式

Fujimori 关于告知坏消息的综述显示，患者希望医生以一种诚实的态度清晰地告知坏消息，这种方式便于患者能全部理解，要小心措辞，避免医学术语，展示检查结果，并在需要时写下重要的信息。在告知消息时，要给患者预警，为接下来的告知做好铺垫，面对不同的患者，医生需要斟酌不同的消息传达方式，如果患者已经准备好了，希望听到详尽完整的解释，那就可以直入主题，但通常医生应当引导患者自己提问。《肿瘤患者告知与同意的指导原则》中指出，鉴于恶性肿瘤的凶险性和预后的多变性，肿瘤患者的告知更应强调告知的真实、全面和准确，为患者及家属提供较为充分的信息，以便患者及家属有更多的选择和充分的思想准备。

（三）提供情绪支持和强调希望

通常情况下，鼓励患者谈论他们的疾病和疾病的影响并给予适当的支持是很重要的。公开坦诚地面对疾病和表达情绪会增强患者适应能力，而避免谈论这些问题会引起患者高水平的痛苦。Fujimori 的综述研究显示，患者希望医生采取一种支持性的表达方式来减轻患者的痛苦，允许患者表达他们的感受，并给予患者支持。

在给予信息的过程中要强调希望。一项关于转移性乳腺癌患者(包括17名患者,13名医护人员)的质性研究显示,患者渴望预后的信息,但是也不希望得到的都是不确定的信息,访谈还强调报有希望的重要性。一定的沟通技巧能增强患者希望的观念。Roberts等调查100名新诊断乳腺癌患者发现,患者希望医生采取一种"自信开放的态度,像一个支持和鼓励的教练而不是一个分离的医生或安慰的看护人"。

(四)何时告知预后信息

仅有很少的文献研究告知预后的合适时间,一些研究建议在第一次会谈时就应该告知。在一项乳腺癌患者的调查中,91%的患者希望在第一次与肿瘤科专家的会谈时,在谈论治疗之前就讨论关于预后的问题。虽然如此,64%的患者希望她们的医生在告诉她们预后之前要先确认一下患者的想法。建议告知患者信息的时候要有一定的程序,给她们机会去接受诊断和预后,在提出治疗方案之前先回答她们提出的问题。考虑到每次给予的信息都会有变化,在告知之前与患者确认她们想知道多少是很重要的。为了患者能全面了解信息并作出治疗决策,预后的信息可以与不同治疗结果一起被告知。

(五)讨论预后

讨论预后的过程包括沟通风险概率。然而,很多患者是很难理解概率的具体含义的。当谈论到预后或者治疗结果时,医生需要去确认患者对数据和非数据评估风险的理解程度,来判断患者是否正确理解了这些复杂的信息。临床医生需要去修正患者对于预后和治疗获益的估计,虽然这种调整对于患者和家属来说是很痛苦的,但是需要给予患者时间和帮助来考虑获益和风险。

三、推荐意见

1. 我们推荐在安静、能保护隐私的地方，在有充足时间的情况下，面对面地进行告知，是否需要家属陪同可以征求患者意见（强烈推荐，中等质量证据）。

2. 临床医生应该清晰和诚实地提供信息，使用非专业术语，以患者能理解的方式告知病情（强烈推荐，中等质量证据）。

3. 临床医生应该告知患者明确诊断，是否为恶性肿瘤，以及关于疾的病全部信息，包括预后及治疗方式以及治疗的风险（弱推荐，中等质量证据）。

4. 临床医生在告知过程中要以保有希望的方式告知，鼓励患者表达他们的感受，对他们的情感给予共情和支持（强烈推荐，中等质量证据）。

第三节　告知坏消息的具体方法

一、背景

医疗质量不仅取决于医疗技术还取决于沟通技能。调研结果显示，许多临床医生对自己的沟通技能并不满意。沟通欠佳的原因在于缺乏信心或者缺乏知识。沟通技能训练可以协助医生开展诊疗工作，持续的培训是大有裨益的，并且这项技能需要不断巩固和加强。

目前在国际上应用比较广泛的两个告知模式，一个是在西方国家运用较多的 SPIKES 模型（SPIKES model）。另一个是在东方国家运用较多的 SHARE 模型（SHARE model），这两种模型的简要介绍如下。

SPIKES 模型

设置(setting)

- 回顾一遍病例,认真考虑一下你准备告知的信息。选择一个安静而不会被打搅的房间,将通讯设备调至静音。
- 如果有必要,可以让患者带一个或多个家属。
- 与患者面对面坐下来,平视患者,这样可以减轻他们面对医生的紧张情绪。

患者认知(patient's perception)

- 查明患者当前对病情和化验结果的理解程度。这样医生就能清楚患者对疾病的认识程度与实际情况间的差距大小。
- 简单的陈述:"在我告诉您结果之前,我得确定我们对病情的掌握情况是一致的。那么,请您给我讲一下您对当前病情的了解。"

对信息的需求(information need)

- 在这个步骤中,要避免将大量信息托盘而出。
- 首先提问:"我现在能谈一下检查结果的情况吗?"当有家属在场时,这样的提问尤为重要。因为患者可能不愿意让家属知道。
- 有些患者(特别是晚期患者)可能不愿意听到详细的情况。

给予信息(provide knowledge)

- 最好通过下述带有共情的陈述来让患者做好心理准备:"我有一个不好的消息要告诉你。"而不至于太突兀。然后要用清楚的语言告诉患者这个消息,避免使用专业术语而造成误解。
- 虽然医生有时会设法让一个坏消息看起来没那么糟糕,但沟通过程中需要注意,保留部分信息或将错误信息告知患者,反而可能会导致患者丧失对医生的信任感。
- 在告知时要尽量做到诚恳、共情,也可以适时握住患者的手,表达对患者的关切。
- 避免引起患者产生恐慌的陈述。

情感和情绪支持(responding to emotions with empathy)

- 当告知的消息很糟糕或是出乎意料时,患者往往会表现出一系列的情感和情绪反应，如惊愕、哭泣、愤怒等。

- 不论患者出现什么样的情绪反应，医生都应表现出耐心和理解。如果患者痛苦不已，甚至哭泣，你可以靠上前去，递给患者纸巾。下列的陈述也会有帮助："我知道这件事在你的意料之外……"或者"能告诉我你现在有什么想法吗？"
- 这些方法往往可以预防患者情绪恶化，也会让患者感谢医生并感到"医生是关心我的"。
- 如果再告诉患者"情况虽然不是太好，但是我们要一起努力战胜它。"也可以再次让患者相信医生对他的关切是不会因为病情的变化而改变。

策略和总结（summary）

- 一个策略可以为患者指明方向，帮助其减少因为对疾病和对未来的不确定而带来的紧张情绪。
- 鼓励患者带一个家属或重要的人，帮助患者记忆因为紧张而没有记住的信息。
- 应该和患者谈及这个消息对整个家庭的影响。例如"我不知道该怎样告诉我的孩子"是需要讨论的一个重要问题。
- 在告知坏消息后，一定要将你推荐的治疗计划告知患者。
- 永远都不要说"我们已经无能为力了。"

SHARE 模型

支持性环境的设定（supportive environment）

- 在保有隐私的场所进行（避免在病房床边或楼道里；宜使用面谈室）。
- 设定充分的时间。
- 确保面谈不被中断（在传达坏消息时，不要接手机，事先调为静音，如果必须接听，要向患者和家属致歉）。
- 建议家属一同在场。

坏消息的传达方式(how to deliver the bad news)

- 态度诚实、清楚易懂,仔细说明病情,包括疾病的诊断、复发或转移。
- 采用患者可以接受的说明方式。
- 避免反复使用“肿瘤”或“癌症”字眼。
- 用字遣词应格外谨慎,恰当地使用委婉的表达方式。例如“接下来要说的是你这几天一直担心的问题(停顿),你准备好之后,我再继续说明(停顿,面向患者,视线停在患者身上,等待患者回应)。我可以继续说吗?”
- 鼓励对方提问,并回答其问题。

提供附加信息(additional information)

- 讨论今后的治疗方案。
- 讨论疾病对患者日常生活的影响。
- 鼓励患者说出疑问或不安。
- 依照患者情况,适时提出替代治疗方案、备选意见(second opinion)或预后情形等话题。

提供保证和情绪支持(reassurance and emotional support)

- 表现体贴、真诚、温暖的态度。
- 鼓励患者表达情感,当患者表达情感时,真诚的理解接受。
- 同时对家属与患者表达关心。
- 帮助患者维持求生意志。
- 对患者说“我会和你一起努力的。”

二、证据

美国临床肿瘤学会(American Society of Clinical Oncology, ASCO)推荐向恶性肿瘤患者告知病情时使用 SPIKES 沟通模型,可以有效减少恶性肿瘤患者心理负担。Wünsch 的一项关于对中国 31 名医护人员进行 SPIKES 培训之后的研究显示，参与者在接受培训后，在告知家属和患者诊断、预后及死亡方面的胜任感都有所改善。Pang 的研究显示国内培训师与国外培训师在 SPIKES 的培训方面无差别。肿瘤病情告知也是存在文化差异的，为了探讨病情告知的文化差异，日本将美国 MD Anderson 癌症中心所使用的病情告知偏好量表（the measurement of patients' preference，MPP）翻译成日语版本，以此来给日本恶性肿瘤患者进行测试，结果显示日本恶性肿瘤患者的想法倾向于"情绪性支持"的因子。例如"医生会安慰患者的情绪""鼓励患者说出内心感受"。同时在美国的研究中发现恶性肿瘤患者看重"内容与传达方式"因子。中国台湾地区采用了日本的 SHARE 模式的一项研究结果显示，进行了培训的 257 名医疗人员在告知坏消息的技能方面都有提高，而且也增强了告知的信心。这项研究是一项前后对照研究，非随机对照研究，且只对培训的医疗人员进行了评估。日本的一项随机对照研究显示，将医生随机分成两组，一组是进行了 SHARE 模式培训的干预组，另一组是空白对照组，对 1 192 名患者进行告知，干预组的医生在随访中比对照组医生更自信，干预组患者的焦虑抑郁水平明显低于对照组。证据显示两种告知方式都会减轻患者的痛苦和医生告知的压力，但应注意到东西方文化的差异性。

三、推荐意见

SPIKES 模式出现较早，国内多采用该种模式。SHARE 模式出现较晚，但可能更适合东方文化人群，在日本和中国台湾地区都取得了比较理想的效果，因此我们更推荐使用 SHARE 模式（强烈推荐，高质量证据）。

第七章 肿瘤患者的痛苦筛查、评估及应答

第一节 痛苦筛查及评估

一、背景

20 世纪 70 年代，随着心理社会肿瘤学这一学科的建立，在肿瘤临床工作中对于患者心理社会问题的关注逐渐增强。然而，将心理社会关怀纳入肿瘤临床还面临一系列的困境，尤其是患者及家属对于心理社会问题的“病耻感”。因此，1997 年美国国立综合癌症网建立痛苦管理多学科小组，首次使用“痛苦”一词代替肿瘤患者存在的所有心理、精神、社会和实际问题等，并在第 1 版《NCCN 痛苦管理指南》中指出“痛苦”的定义：“痛苦是由多种因素影响下的不愉快的情绪体验，包括心理上（认知、行为、情绪），社会上和 / 或灵性层面的不适，可以影响患者有效应对癌症、躯体症状和临床治疗。”

从定义可以看出，痛苦是包含患者所有心理社会问题的综合概念，其症状表现可归纳为一个连续谱系，轻者可表现为正常的悲伤、恐惧，重者可表现为精神障碍，如焦虑、抑郁、惊恐发作、社会孤立感，以及生存和灵性的危机。

痛苦与众多学者所熟知的肿瘤患者的焦虑、抑郁的区别为痛苦与焦虑、抑郁相比概念更为广泛，焦虑、抑郁看作痛苦发展到一定严重程度的表现，而未达到焦虑、抑郁程度的心理社会问题按精神疾病分类标准可以归为适应障碍。无论是轻度表现的适应障碍，还是严重的焦虑、抑郁障碍都是根据精神科分类标准界定，而痛苦的概念是在所有精神心理概念的基础上"去耻感化"的定义。在《NCCN 痛苦管理指南》中指出，选择"痛苦"一词的优势在于：①比"精神的""心理社会的""情感的"等词汇更容易接受且无病耻感；②患者提起来感觉比较"正常"；③可以被定义并使用自评量表评估。

随着医学的发展以及医学模式的转变，为患者提供高质量的综合服务已经成为肿瘤临床工作的最主要目标。美国医学研究所（institute of medicine，IOM）强调"高质量照护"要最大程度达到患者期望的健康结局，必须以患者为中心，即治疗应该尊重患者的选择、需求和价值观，确保由患者的价值观来主导医疗决策。IOM 出版的 *Cancer Care for the Whole Patient：Meeting Psychosocial Health Needs* 一书中建议标准治疗应该将心理社会支持纳入目前的医学常规照护模式中，包括识别患者的心理社会需求；将患者和家属转诊至所需的服务部门；在患者管理疾病过程中提供支持；整合心理社会支持和生物医学治疗；对所有治疗进行随诊，评估治疗的效果。美国食品药品管理局（U.S food and drug administration，FDA）对于医药行业的规范和指南几经更新，最近发布的指南要求在药品开发过程中必须将患者报告的结局（patient-reported outcome，PRO）纳入评估系统。文中指出，治疗获益（treatment benefit）应该包括治疗方法对患者生存、感受或者功能的改善，既要体现治疗效果的优势，也要体现安全性的优势。简而言之，如果药物的开发仅仅延长了患者的生命，但同时给患者带来更多的痛苦，同样不能获得 FDA 的批准。对患者报告的结局进行评估指的是对直接源于患者本身健康状况的任何方面的评估，包含健康相关生活质量的各个维度。FDA 对于上述内容的最新阐述直接影响到药物临床试验的实施。

在加拿大，痛苦已成为继疼痛成为第五大生命体征后的第六大生命体征。肿瘤患者的痛苦可以由多种因素引起，包括患者的躯体症状、心理社会因素、实际问题、家庭情况等。疼痛是癌症患者最常见的症状之一，回顾分析显示，进展期癌症住院患者疼痛发生率为 72.6%，且 5% 的患者未接受镇痛治疗。我国的数据显示，癌症患者中到重度疼痛发生率达 88%，且近 80% 的临床医生疼痛管理培训不足，84% 的临床医生对疼痛严重程度的报告与患者实际体验不符。癌症相关的疲乏发生率从 59%~100% 不等，对患者的生活质量造成不同程度的影响。焦虑和抑郁影响患者的整个家庭、社会功能、工作能力、自杀观念以及患者的生存，肿瘤本身及治疗带来的身心影响使得患者成为焦虑和抑郁的易感人群。加拿大的一项大样本（n=10 153）研究显示，癌症患者出现临床或亚临床焦虑和抑郁的比例分别为 25% 和 16.5%。对于这些常见症状，医生和患者的评估存在差异。Basch 等 2006 年发表在 *lancet oncology* 结果显示，越是主观的症状，医生与患者判断症状间差异越大，且医生报告症状的严重程度比患者轻，建议通过 PRO 的方式获得症状评估结果并给予处理建议。

二、证据

常规痛苦筛查是一种最快捷的初级评估模式，能够为医疗人员提供最直接、最简洁的患者报告结局的数据和信息，可以有助于临床工作人员及时发现癌症患者由于疾病诊治引起的躯体和情感负担。然而，研究显示目前肿瘤临床对于痛苦的识别率仍然很低，这为肿瘤患者全人照顾模式的实施带来了挑战，成为患者痛苦得不到及时处理的直接原因。很多国家倡导对肿瘤患者进行常规的痛苦筛查，如 NCCN 痛苦管理小组，美国、加拿大及澳大利亚的心理社会肿瘤协会等机构均制定了痛苦管理的临床实践指南，其中均指出，应该对所有肿瘤患者进行常规痛苦筛查，建议痛苦筛查应该涉及影响痛苦的广泛内容，如躯体、情绪、社会因素等。通过症状清单等筛查工具进行筛查，从而可以有助于对存在问题的患者进行更深入的专科评估和干预。Zebrack 等于 2015 年报告了痛苦筛查实施的依从性、临床应答以及可接受性，结果显示应用痛苦温度计（distress thermometer，DT）患者的依从性为 47%~73%，筛查可以提高心理社会支持和转诊的比例，且肿瘤医生对于痛苦筛查的评价比较积极。

近几年来，肿瘤临床及研究中对于 PRO 的关注为痛苦筛查纳入临床实践提供了更多循证医学证据。Kotronoulas 等 2014 年系统回顾对纳入的 2012 年前发表的 26 项关于 PRO 工具应用的研究汇总后提示 PRO 干预存在轻 - 中等强度的效果，建议更多研究探讨 PRO 项目的获益以及患者依从性、医生负担以及费用支出等相关问题。Gnanasakthy 于 2016 年报道，FDA 审批药物中纳入 PRO 数据后的影响，结果显示 PRO 数据的提供对于抗肿瘤药物的审批有着积极的作用。电子化 PRO 项目及相关研究也逐年增加，操作便捷性提高了 PRO 筛查纳入临床实践的可能性，仍须更进一步探索评估的灵活性、如何与临床结合、如何收集高质量的数据以及积极应答。Basch 等于 2016 年发表的一项 RCT 研究显示，通过 PRO 的方式对患者症状进行管理后与常规治疗组相比，患者生活质量下降的程度减缓，急诊及再入院的次数减少，对化疗的依从性增加，生活质量调整后的生存期延长。随访 7 年后 Basch 等发表在 *JAMA* 的结果显示，总生存期干预组较对照组延长 5.2 个月。推荐在肿瘤临床工作中进行常规痛苦筛查可以帮助患者降低痛苦水平，评估工具选择可以根据临床需求而多样化，经过严格测量学检验的 PRO 量表可供选择；对一线临床医生及相关人员进行痛苦筛查培训，从而有效实施痛苦筛查。给予系统的筛查、评估以及后续的合理应答是保证痛苦筛查成功的关键。

三、优化痛苦筛查实施流程

NCCN 提出痛苦筛查建议以来，有很多国家逐步在临床工作中尝试纳入此项工作，也总结了很多成功或失败的经验。Carlson 等指出，如果想改善临床结局，必须在痛苦筛查之后给予合理的心理社会干预，简单筛查并不能为患者以及临床工作带来明显的获益，反而会引起患者对填写报告的反感情绪。目前更多学者倾向于纳入综合的筛查项目为：应用合理的筛查工具以及系统的筛查管理、识别筛查结果、实施进一步评估和及时转诊接受合理的干预。痛苦筛查若想使患者有临床获益，必须针对筛查的问题给予合理、高质量的回应。参与癌症患者照护的整个团队应该接受痛苦筛查及提供支持的培训。多学科团队的建立非常重要，包括肿瘤临床医生、护士、心理医生、精神科医生，社会工作者、家属及其他患者权益的倡导者，从而针对患者筛查出的不同问题给予不同的支持。

1. 筛查工具 肿瘤临床医生及护理人员识别患者痛苦的能力参差不齐，尤其关于精神症状的识别更是受到专业培训的局限，然而肿瘤患者对于他们的信任程度又是其他专业人员无法代替的，因此也决定了肿瘤临床医护人员在痛苦筛查多学科队伍中的重要作用。指导肿瘤临床医护人员合理使用筛查工具，而不是给予精神科诊断培训是提高痛苦识别率最直接有效的方式。此方式对于我国忙碌的临床现况存在更大的现实意义。目前，应用于肿瘤临床对于痛苦进行筛查的工具有很多，根据筛查不同维度大致分为：总体痛苦量表、肿瘤相关症状量表、精神症状量表、生活质量及躯体功能量表、患者需求及社会实际问题量表等。从量表的设计角度可分为：单一条目量表、多条目量表等。总体评价各类量表优劣共存。单一条目极简量表适用于初步粗略筛查，省时省力，容易操作，但内容简单对于进一步心理社会支持指导意义减弱；复杂多维度量表涵盖内容丰富，对于转诊及心理社会支持指导意义较大，劣势是不便于大规模的临床初步筛查，对于操作的工作人员以及患者来说填表负担较重，患者对条目内容理解存在一定困难，工作人员需进行复杂的解释。表 7-1 对文献中使用并有中文版问卷的相关量表进行了汇总及优劣分析。

IOM 建议痛苦筛查工具应该能够综合识别引起痛苦的各种问题和担忧。所选筛查工具应该有效、稳定，并且对于临床工作人员来说简便易行，可以通过临界值来判断患者是否存在痛苦。能够同时评估患者是否存在躯体症状、情绪负担、社会问题等，且能评估患者上述症状的严重程度，这样能够动员其他专业人员有效地对患者的痛苦状况做出应答，包括将痛苦且有心理社会支持需求的患者转诊给专业的心理治疗师、精神科医生、社工等。

2. 科学的筛查流程　应用于肿瘤患者痛苦筛查的工具大多数为患者自评量表，可由患者自行填写，但如果仅仅把痛苦筛查工作简化为患者填表过程则临床获益明显受限。全面的筛查工作需要系统、科学的筛查流程。①首先需要对筛查流程中的所有人员（筛查协调员、临床医生、护士、心理医生、精神科医生、社工等）进行相关培训，设定专门负责筛查的协调员具体实施填写问卷过程，指导肿瘤科医生及护士如何解读筛查结果，设定具体转诊流程，对心理医生、精神科医师及社工进行肿瘤患者心理社会支持的相关培训。②筛查实施形式。目前最常见的筛查形式为由筛查协调员协助患者自行填写纸质版问卷，但对于综合的筛查量表，纸质版筛查耗时耗力，对于临床普及造成一定技术上的困难；电子化设备的应用恰好解决了上述困难，患者容易填写，节约时间，且方便数据管理，但受到患者电子设备操作技能的限制。目前成功的案例多是通过软件版本进行，如 MD Anderson 癌症中心的症状筛查项目及加拿大玛嘉烈公主癌症中心的痛苦评估及应答项目都是将问卷条目整合入软件系统，通过 iPad 等电子化设备对患者进行筛查，易于操作且医患双方可同时快速得到筛查结果及分析建议等。③分步筛查流程。由于进行筛查的量表存在简易版本和综合版本，各种量表优劣共存，为体现不同量表的优势又规避劣势，有学者对肿瘤患者的痛苦进行分步筛查。首先通过极简量表在繁忙的临床工作中进行初步筛查，对于存在一定问题的患者进行进一步综合评估，如通过 DT 进行初步筛查，对于痛苦筛查结果 DT ≥ 4 分的患者根据 PL 选项进行进一步评估，如使用 GAD-7 或 PHQ-9 对患者的焦虑或抑郁进行评估。

3. 临床应答（心理社会支持） 对于筛查后的心理社会支持是筛查成功的关键步骤，筛查流程中的心理社会支持提供者需要接受专门针对肿瘤患者开展的心理社会支持的培训。Syrjala 2014 年发表的系统综述显示，诊断及治疗期间癌症相关疼痛与心理社会因素密切相关。多项 Meta 分析、系统综述或 RCT 研究显示，催眠、冥想放松可以有效降低患者的疼痛感受，提示心理及行为干预是癌症相关疼痛管理的重要内容。Howell 等提示，认知行为干预可以有效改善成人癌症患者的失眠。Küchler 等研究显示，心理支持可以使胃肠道肿瘤患者的生存获益。尽管目前有很多临床医务工作者或心理治疗师、咨询师投入肿瘤临床的心理社会干预工作，但由于心理社会肿瘤学在国内发展尚处于初级阶段，缺乏肿瘤临床背景的心理治疗师及精神科医师与癌症患者建立关系受到一定阻碍；而肿瘤临床医生和护士由于工作负担较重，接受系统心理干预或心理支持培训也存在一定困难。因此，以全国肿瘤心理学术组织为平台，建立肿瘤临床心理社会支持培训项目，或完善心理社会肿瘤学学科建设，以及高校、临床医院培训制度是目前多学科队伍建设的出路所在，也为痛苦筛查项目流程完善提供了必要保障。

表 7-1　综合痛苦筛查工具列表及对比

领域	量表名称	条目及时效	得分范围及临界值	总体评价	文献
痛苦	痛苦温度计（distress thermometer, DT）	单一条目 / 过去一周	0~10 分；4 分为分界值（个别肿瘤建议 5 分）	优点是条目最少，操作简单，容易实施；缺点是筛查笼统，不易明确痛苦中具体的症状	Jacobsen, 2005；马学雷等, 2014
肿瘤相关症状	M.D. Anderson 症状量表（M.D. anderson symptom inventory, MDASI）	13 个症状条目，6 个症状干扰程度条目 / 过去 24 小时	每个条目以 0~10 分单独计分；临界值 4 分以上为中度、7 分以上为重度	分别对肿瘤患者常见症状进行评估，包括精神症状以及对日常活动影响程度，临床医生易于理解	Cleeland CS, 2000；Wang XS, 2004
	埃德蒙顿症状评估系统（edmonton symptom assessment system, ESAS）	10 个条目 / 当前状态	每个条目以 0~10 分单独计分；临界值 4 分以上为中度、7 分以上为重度	评估肿瘤临床常见症状，包括躯体及心理相关症状，包含 1 个开放条目	Bruera E, 1991；Dong Jr. Y, 2015

续表

领域	量表名称	条目及时效	得分范围及临界值	总体评价	文献
	纪念斯隆凯特琳癌症中心症状评估量表（memorial symptom assessment scale，MSAS）	32 个条目 / 过去一周	24 条症状的频率（1~4 级评分）； 8 条评估症状严重程度和引起痛苦的程度（0~4 级评分） 无临界值，分值越高症状越严重	条目较多，评估复杂，对筛查人员需要进行深入培训，在国内临床较少应用；无分界值	Portenoy RK，1994；Karis K.F. Cheng，2009
	症状痛苦量表（symptom distress scale，SDS）	13 个条目 /11 个症状（恶心、失眠、疼痛、疲乏、肠型、注意力、形态、呼吸、外观、咳嗽），恶心和疼痛两个症状包括出现频率和严重程度两个条目	13 个条目 1~5 分；无临界值，得分越高症状越严重	缺少焦虑、抑郁等常见精神症状； 无临界值参考	McCorkle，1978 Stapletion，2016

续表

领域	量表名称	条目及时效	得分范围及临界值	总体评价	文献
精神症状量表	广泛性焦虑障碍问卷（general anxiety disorder-7，GAD-7）	7 个条目 / 过去 2 周，每个条目 0~3 分	0~4 分，正常；5~9 分，轻度；10~14 分，中度；15~21 分，重度	根据 DSM-IV 广泛性焦虑障碍条目拟定，对评估焦虑障碍有针对性；但肿瘤临床工作人员需要接受培训，适合初步筛查后的进一步评估	Spitzer R.L，2006；何筱衍等，2010
	9 条目患者健康问卷（patients health questionnaire，PHQ-9）	9 个条目 / 过去 2 周，每个条目 0~3 分	0~4 分，正常；5~9 分，轻度；10~14 分，中度；15~19 分，中重度；20~27 分，重度	根据 DSM-IV 的抑郁障碍诊断条目拟定，肿瘤临床工作人员需要经过培训，适合初步筛查后的进一步评估。自杀条目对于肿瘤患者评估有优势	Kroenke K，2001；卞崔冬等，2009

续表

领域	量表名称	条目及时效	得分范围及临界值	总体评价	文献
	医院焦虑抑郁量表（hospital anxiety and depression scale，HADS）	14 个条目 / 过去 1 周，每个条目 0~3 分	7 个条目评估焦虑，每个条目以 0~3 分单独计分，共计 21 分，8 分为临界值；7 个条目评估抑郁，每个条目以 0~3 分单独计分，共计 21 分，9 分为临界值	综合医院较常用；有临界值供参考	Zigmond，1983
	焦虑自评量表（self anxiety scale，SAS）	20 个条目 / 最近 1 周，每个条目 1~4 分（现在或过去 1 周）	临界值为 50 分；50~60 分，轻度；61~70 分，中度；71 分以上为重度	条目较多，不适用于初步筛查，某些条目对于肿瘤患者不易理解	Zung，1971

续表

领域	量表名称	条目及时效	得分范围及临界值	总体评价	文献
	抑郁自评量表（self depression scale，SDS）	20个条目/最近1周，每个条目1~4分（现在或过去1周）	临界值为53分；53~62分，轻度；63~72分，中度；72分以上为重度	条目较多，不适用于初步筛查，某些条目对于肿瘤患者不易理解	Zung，1965
生活质量	世界卫生组织生活质量测定量表（WHOQOL-100）	100个条目评估当前状况，总体健康有4个条目，生活质量包括6个领域（躯体、心理、自主性、社会关系、环境、灵性）共计96个条目，每个条目以1~5分计分	无临界值	内容涵盖广泛，条目太多不易操作，筛查人员需要接受严格培训，填表过程中需详细解释。WHOQOL-BREF版有26个条目，可用于筛查，但对于大规模日常筛查仍存在一定困难	Skevington，2004；刘华等，2001

续表

领域	量表名称	条目及时效	得分范围及临界值	总体评价	文献
	欧洲癌症研究和治疗组生活质量核心问卷（eORTC quality of life questionnare-core30，QLQ-C30）	30 个条目 / 躯体功能为当前状态，其余为过去 1 周；1 个整体健康和生活质量量表（1~7 分）、5 个功能量表、3 个症状量表和 6 个单项测量项目（1~4 分）	无临界值，分数越高，症状越严重	详细评估患者全面生活质量；但条目众多，工作人员及填表负担较重，无临界值参考	Aaronson，1987；姜宝法等，2005
	Karnofsky 功能状态评分（karnofsky performance status，KPS）	11 个条目 / 当前；0（死亡）~100 分（正常）	60 分以下说明身体健康状况较差	操作简单、容易理解；总体评价躯体功能状态，不能对具体症状进行细化	Karnofsky，1948

续表

领域	量表名称	条目及时效	得分范围及临界值	总体评价	文献
	美国东部协作组体力状况 ECOG 评分标准	6 个条目 / 当前状态；0（正常）~5（死亡）	3/4 分以上患者不适宜进行肿瘤相关治疗	操作简单、容易理解；总体评价躯体功能状态，不能对具体症状进行细化	Oken，1982
	慢性疾病治疗功能状态评估（the functional assessment of chronic illness therapy，FACIT）	普适版 FACIT-G 有 27 个条目 / 过去 7 天；躯体功能 7 条；社会 / 家庭状态 7 条；情绪状态 6 条；功能状态 7 条；分别以 0~4 分计分	无临界值；得分越高，症状越严重	评估全面，且 FACIT 还有不同版本，包括不同疾病类型、不同肿瘤类型、不同症状的独立问卷；对于肿瘤患者总体的躯体常见症状纳入不够详细，无临界值参考	Webster，2003

续表

领域	量表名称	条目及时效	得分范围及临界值	总体评价	文献
心理社会需求	支持治疗需求调查问卷简版（the supportive care needs survey short form, SCNS-SF34）	34个条目：躯体方面和日常生活方面的需求（5条）；心理需求（10条）；医疗和支持的需求（5条）；对卫生系统和信息的需求（11条）；性需求（3条）；每条目5点计分	无临界值，分数越高，需求越强烈	量表条目较多，填表负担较重；不适用于初步筛查，可用于进一步评估	Boyes, 2009; Au, 2011
	社会困难问卷（the social difficulties inventory-21, SDI-21）	21个条目，每个条目以0（无困难）~3分（非常困难）进行评分，包括三个分	任何一个分量表分≥10分，提示有显著社会困难	条目较多，填表负担较重。我国临床肿瘤患者对社会困难理解较差，需要辅助解释；或认为与疾病关	Wright, 2005

续表

领域	量表名称	条目及时效	得分范围及临界值	总体评价	文献
		量表：日常生活、经济问题、自我及周围其他人		系较小，应答率较低	
	NCCN 推荐问题列表（problem list，PL）	中文版 40 个问题（实际问题、交往问题、情绪问题、身体问题、信仰/宗教问题 5 个维度），以“是”或“否”计分	无临界值	与 DT 联合使用提高转诊的指导意义。但每个问题仅从“是”或“否”两个程度表示，无法独立显示某个条目的严重程度	VanHoose，2015

四、推荐意见

1. 推荐所有癌症患者每次就诊时均进行痛苦筛查，最少在患者病程变化的关键点进行痛苦筛查（强烈推荐，高质量证据）。

2. 推荐使用科学合理的筛查流程，通过简洁易操作的工具进行初步筛查，推荐使用痛苦温度计或症状筛查工具（强烈推荐，高质量证据）；根据痛苦程度及所出现的问题进行深入综合评估（强烈推荐，中等质量证据）。

3. 推荐通过电子化平台对患者的痛苦进行监测，以及时观察患者的痛苦水平变化并及时提供心理社会支持（强烈推荐，高质量证据）。

4. 推荐为显著痛苦患者提供心理社会支持（强烈推荐，高质量证据）。推荐使用分级评估及应答策略。

五、应答策略

（一）痛苦水平——轻度（所有筛查量表按推荐标准评分均为轻度）

1. 人员及评估　所有直接为癌症患者提供治疗的医务人员和社会工作者都应该有能力识别患者的心理痛苦，并且有能力避免在临床治疗中造成对患者及其照顾者的心理伤害。他们应该知道患者出现的哪些情况说明已经到了自己能力的边界，并且应该转诊给更专业的服务机构。筛查应该包括癌症给患者日常生活、情绪、家庭关系（包括性关系）和工作带来的影响。评估过程应该保持开放并且不带有任何判断，这样才能建立相互信任的关系并认真倾听，最终使患者能够清晰地呈现自己的担忧和其他感受；

评估本身能够帮助患者解决一些担忧，如果通过评估不能解决，则要为患者提供适宜的心理支持。出现显著心理痛苦的患者需要转诊接受专业的心理支持和干预。

2. 应答　所有人员应该能够诚实并富有同理心地与癌症患者进行沟通（具体沟通技巧见第五章：医患沟通与告知信息）；带有仁慈之心、尊严感、尊重心态为患者及其照顾者提供治疗；建立并保持支持性的医疗关系；告知患者及其照顾者，有很多心理及支持性的服务机构可供使用；心理技术主要聚焦于解决问题，由经过培训且受过督导的医疗和社会工作者提供，帮助患者处理一些在病程关键时刻的紧急情况。专业的临床护士在接受培训之后可以承担评估和提供干预的任务。

（二）痛苦水平——中度（筛查量表按推荐标准评分其中一项及以上为中度，所有量表均未达到重度）

1. 人员及评估　接受过心理社会干预培训并获得认可的专业人员能够识别中度到严重的心理需求并能够将严重心理需求的患者转诊至精神卫生专业人员处。

2. 应答　此时需要提供专业的心理干预，所涉及的干预技术有焦虑控制和聚焦问题解决的技术等，由接受过培训、获得认可并且被督导过的心理咨询师根据清晰的理论框架提供干预。目标是控制中度心理痛苦，包括焦虑、抑郁和愤怒。这里的具体心理干预也适用于缓解轻度癌症相关的担忧，比如对治疗的担忧、个人关系（包括性关系）、与医院工作人员的关系、灵性问题等。

（三）痛苦水平——重度（筛查量表按推荐标准评分有一项以上为重度）

1. 人员及评估　精神卫生专业人员应该能够评估复

杂的精神心理问题，包括严重的情感障碍、人格障碍、物质滥用和精神病等；接受过专业培训并有丰富临床经验的心理治疗师能够识别患者的严重痛苦，尤其评估晚期癌症患者的心理社会需求。

2. 应答　此时的干预包括具体的心理和精神科干预，由专业且经验丰富的心理治疗师或精神卫生专业人员提供，帮助患者改善中到重度的精神健康问题，提供专业心理支持和治疗。这些精神健康问题包括重度抑郁和焦虑、器质性脑部综合征、严重的人际困难（包括严重的性心理问题）、酒精和物质相关的问题、人格障碍和精神病等以及进展期和终末期癌症患者面临的生存意义，死亡焦虑。

第二节　如何进行转诊

一、背景

显著的心理痛苦或精神症状会对恶性肿瘤患者的生活质量造成影响，需要对其进行干预。然而，目前临床中对患者的焦虑抑郁情绪等心理痛苦识别率较低，其中能够接受恰当干预的患者数量更不为乐观。这一方面是源于临床医生对于心理及精神症状方面知识的缺失，另一方面是由于医生和患者倾向于回避情感问题的揭露，在中国，受医疗资源的限制，患者与医生的交谈时间往往有限，这使患者心理痛苦的识别变得更为困难。在这样的背景下，建立一个最优化的转诊方式对于肿瘤患者非常重要。所有的临床以及心理社会肿瘤学医生都应该建立自己的转诊体系，来为他们的患者提供心理支持和关怀。

在许多发达国家和地区，他们的治疗团队往往包括精神科医生、临床心理师、社会工作者。大多数肿瘤科设置了具有丰富专业知识和经验的社工，能够为患者提供咨询服务，同时也有越来越多的肿瘤中心开始聘请专业的心理治疗师，使患者能够便捷地接受到适当的干预，而精神科医生则能为肿瘤患者诊治过程中出现的精神症状提供及时治疗。

二、证据

（一）转诊对象

有证据表明，使用快速筛查工具识别患者是否存在显著心理痛苦以及患者心理支持需求是确定转诊对象的重要方法。NCCN 指南推荐每一位患者都应在就诊前使用心理痛苦温度计及问题列表，来帮助临床医生发现其心理痛苦程度。国内学者亦对心理痛苦温度计在中国的适用进行了研究，证实了其能有效应用于我国肿瘤患者。

研究认为，肿瘤临床医护人员应将 DT 得分≥ 4 分，即存在显著心理痛苦，作为进行下一步评估的信号，这类患者往往存在过度的悲伤、担忧，甚至怀有绝望的心情，可以对患者进行会谈，或使用有效工具评估患者的焦虑、抑郁情绪等具体心理问题。若在这个阶段的评估中发现中重度心理痛苦确实存在，应立即向精神科医师、心理治疗师或社会工作者转诊。而对于 DT 得分在 4 分以下即存在轻度心理痛苦的患者，常见的心理问题往往与临床诊断或症状直接相关或由身体问题引起，包括对疾病进展的恐惧、对身体状况的担忧、睡眠质量差、食欲差等，可由肿瘤临床医护人员通过宣教、对症治疗等方式帮助其处理心理痛苦。同时，应努力发掘患者身边可利用的支持性资源，如亲人、朋友等，帮助他们缓解痛苦。

一项来自英国研究者 Elena A 等的研究中，130 名肿瘤患者在进行第一次化疗前参与研究，接受 HADS、PHQ-9 及 PHQ-2 测评，并用“是”“否”来回答“现阶段您是否需要情感及心理社会方面的帮助”，结果显示，仅有 36.7% 存在心理痛苦的患者表示需要帮助，而有 90.1% 并未显示存在心理痛苦的患者表示需要接受帮助。该项研究在患者治疗进程中的相同时间点使用多种测评工具评估患者心理痛苦，使得结果较为可靠，但研究样本量较小，且纳入患者的肿瘤分期有所差异，研究结论并不适用于所有患者。但我们可从结论中看出，若仅对患者的心理痛苦筛查，可能会遗漏部分真正需要得到心理干预的患者。患者是否存在心理痛苦和心理需求的程度也是患者是否接受心理转诊的重要影响因素。

（二）转诊方式

患者向精神心理服务转诊的主要方式为医护人员建议转诊和患者自行转诊。

H. Ryan 在一篇研究综述中指出，患者一般会通过直接和间接两种方式给出他们的情绪线索，直接的情绪线索是指患者口头陈述他们内心的担忧，而间接线索则通过一些非语言的途径来表达，对于一些没有经过培训的临床医生来说，要识别这些间接的线索并不容易，需要医生敏锐地从患者的姿势、动作等躯体语言以及语气、语调等中捕捉更多的信息。同时，良好的医患关系也尤为重要，临床医生应该得到更多沟通技巧方面的培训，这能使他们在会谈中对患者的情绪和感受投以更多的关注，也为患者营造一个安全的、让他们能够无顾忌地表达内心感受的环境。Jenkins 等将 93 名临床医生随机分为两组，对干预组医生进行三天的医患沟通训练，在干预前及干预后三个月进行测评，了解参与者对患者心理社会状况的态度，同时在这两个时间点用录音记录参与者与患者的医患沟通过程。结果表明，干预组医生对患者心理社会问题的关注度要显著高于对照组，在沟通中能对患者表达出更多的共情。研究指出，对医护人员进行培训，帮助他们识别患者就诊过程中的情绪问题，能够有效地提高转诊率。主动倾听、开放性地提问，对患者的情绪线索作出适当回应都有助于精神心理症状的识别，更有助于为患者提供有效地心理社会干预。但尚无高质量随机对照研究表明，精神心理及医患沟通培训对转诊的积极作用。

同时，在一项由 Joo-Young Lee 主导的研究中，患者可以基于自己的意愿接受电子化的心理痛苦筛查，得到自动生成的评估报告，经过相关培训的肿瘤科医生根据评估结果在诊治中决定是否为患者提供转诊建议，有转诊、不转诊、延迟决定三种选择。研究结果显示，在达到指南推荐的标准、需要接受转诊的患者中，仅有 18.2% 得到了转诊，且心理痛苦水平与患者接受转诊的意愿呈显著正相关。考虑到研究中肿瘤科医生转诊是唯一的转诊方式，而转诊工作或许会给本已超负荷的肿瘤科医生增加更多工作量。研究者认为，为患者建立便捷通道，使有需要的患者能够自行进行转诊尤为重要。

国外一项肿瘤患者精神心理服务转诊模式的研究，对 361 名接受转诊的患者进行调查，其中 48% 的患者由医护人员提供转诊，42% 的患者为自行转诊而来，另有 4% 的患者来自于社会工作者的转诊。我国亦有部分医院已经开始进行社工制度的探索，但目前尚不成熟，在未来，若社会工作者制度逐步健全，也可提高肿瘤患者的精神心理服务转诊率。

(三)向谁转诊

一般来说,应根据患者在问题列表中的选择来决定向谁转诊。存在较严重的实际问题和心理社会问题的患者,应向社会工作者转诊;存在较严重的情绪问题和心理社会问题的患者应向精神科医师、心理治疗师或社会工作者转诊;而心理痛苦主要由身体问题引起的患者,应由临床医护人员来提供帮助。而在目前我国医疗实践中,社会工作者体系尚不成熟,护士常常成为重要的心理干预提供者。然而,Zimmermann 等在一项对乳腺癌患者适合何种心理干预的 Meta 分析中,对 56 项 RCTs 研究进行分析,涉及心理治疗师、护士及社会工作者三种心理干预实施者,结果表明心理治疗师提供的心理干预,在治疗效果上要显著好于由护士提供的干预。Jane 等在一项随机对照研究的报告中提出了一种转诊模式,即由受过精神心理专业训练的护士为有心理支持需求的患者提供简单的心理干预,为存在持续性心理痛苦和复杂性心理支持需求的患者提供转诊,研究者认为此种模式的效果及依从性都将好于直接向精神科医生和心理治疗师转诊。但此种模式的随机对照研究仍在研究阶段,尚无证据支持。

(四)依从性

有证据指出,治疗依从性是影响患者转诊后心理干预效果的重要因素,在一项澳大利亚的研究中,研究者希望了解为肿瘤患者提供有针对性的心理社会干预能否满足患者需求,提高患者生活质量和对医疗服务的满意度。在完成电子化的问卷后,450 名患者被随机分为干预组和实验组,志愿者能够看到干预组患者的评估结果,并为患者提供支持和转诊服务,在 2 个月和 6 个月后进行第二次和第三次评估，但两组患者并未呈现出差异。研究者认为，这一结果的原因在于患者并未接受志愿者的建议，接受转诊治疗。遗憾的是，本结论仅来源于推测，尚无研究直接印证依从性对于干预效果的影响。而一项 Meta 分析的结果提示，患者对以电话咨询为形式的依从性要好于面对面咨询；相较开始于诊疗过程其他时期的干预，患者对开始于确诊初期的干预依从性较好；患者对由护士提供的心理干预的依从性，要优于由心理治疗师提供的干预，这一现象的主要原因是心理治疗师进行干预往往容易使患者产生病耻感（stigma）。

三、推荐意见

1. 我们推荐肿瘤科临床医生在初诊时对患者进行心理痛苦筛查和心理支持需求评估，为存在中重度心理痛苦和/或强烈心理支持需求，且心理痛苦主要由情绪问题和心理社会问题引起的高危患者提供转诊，接受由精神科医生和心理治疗师的专业精神科治疗或心理干预，对存在轻度心理痛苦和/或心理支持需求较弱，且心理痛苦主要由实际问题引起的患者，可由护士、社会工作者等为其提供情感支持（强烈推荐，中等质量证据）。

2. 我们建议肿瘤临床医护人员接受专业培训，以更好地识别患者在诊疗过程中的情绪线索，为患者提供及时有效的转诊（强烈推荐，高质量证据）。

3. 我们建议由接受过精神心理培训的护士为有心理支持需求的患者提供简单的基础心理干预，为存在持续性心理痛苦和复杂性心理支持需求的患者提供精神心理转诊（弱推荐，低质量证据）。

第八章

肿瘤相关症状的精神科管理

第一节 焦虑障碍

一、背景

在面对威胁生命的疾病时，焦虑是一种正常的反应，它通常在两周内逐渐消失。若焦虑症状持续存在，则会发展为焦虑障碍（anxiety disorders）。焦虑障碍又称焦虑症或焦虑性疾病，是一组以焦虑情绪为主要临床相的精神障碍，当焦虑的严重程度与客观的事件或处境不相称或持续时间过长则为病理性焦虑，包括急性焦虑和慢性焦虑两种临床相，常伴有头晕、胸闷、心悸、呼吸困难、口干、尿频、尿急、出汗、震颤和运动不安等。最新数据显示，心境障碍在中国成人中的终生患病率为 7.4%，其中焦虑障碍终生患病率为 7.6%。而在恶性肿瘤患者中，焦虑障碍患病率更高，Linden 等调查了 10 153 名不同类型的恶性肿瘤患者，发现 19% 的患者存在有临床意义的焦虑症状，22.6% 存在亚临床焦虑。国内一项对 283 例肺部肿瘤术后患者焦虑的调查研究显示，53.4% 存在焦虑症状；国内另一项对 301 例恶性肿瘤患者的调查研究显示，焦虑发生率为 21.6%。

二、证据

(一)诊断标准

目前临床主要使用的诊断标准是国际疾病分类第10版(ICD-10)中精神和行为障碍的分类,是世界卫生组织170多个成员国家共同使用的现行分类系统,是临床上经常使用的诊断标准。在ICD-10(international classification of diseases-10)的诊断里,焦虑障碍包括F40恐怖性焦虑障碍和F41其他焦虑障碍。肿瘤患者常见的是惊恐障碍(间歇性发作性焦虑)、广泛性焦虑障碍以及社交恐怖,它们可以出现在肿瘤诊断之前、诊断肿瘤时或者接受治疗时。

(二)评估工具

医院焦虑抑郁量表(hospital anxiety depression scale, HADS)具有良好的信度和效度,广泛应用于综合医院患者焦虑和抑郁情绪的筛查和研究。国内常用的中文版《医院焦虑抑郁量表》经翻译并校对后在我国综合医院患者中开始应用,研究以9分为分界点,焦虑和抑郁分量表敏感度均为100%,特异性分别为90%和100%。Mitchell AJ等于2010年对45个短或超短评估工具进行了综述分析,结果显示在肿瘤临床中使用HADS既能保证结果的有效性,也能确保临床应用的可接受性。

广泛性焦虑自评量表(general anxiety disorder-7, GAD-7)包含7个条目,每个条目评分为0~3分;制订定者推荐≥5分,≥10分和≥15分分别代表轻、中和重度焦虑。我国综合医院普通门诊患者的研究中以10分为临界值,灵敏度和特异度分别为86.2%和95.5%,具有较好的信效度。肖水源等研究发现GAD-7在恶性肿瘤患者的应用中有较好的信效度，能有效地筛查和评估恶性肿瘤患者中广泛性焦虑的状况。

汉密尔顿焦虑量表（Hamilton anxiety scale，HAMA）由Hamilton 于 1959 年编制，用于评定焦虑症状的严重程度。HAMA 是精神科临床和科研领域对焦虑症状进行评定的应用最广泛的他评量表，具有良好的信效度，广泛应用于肿瘤临床。

（三）焦虑的干预

对恶性肿瘤患者焦虑最有效的干预应包含心理干预和药物干预。Tracgcr.L 等于 2012 年对恶性肿瘤患者进行一项 Meta 分析，结果发现基于证据的文献均支持使用社会心理和精神药理的干预方式来预防或减轻焦虑症状。

1. 心理社会干预　针对恶性肿瘤患者的心理社会干预方法有很多，包括了教育性干预、认知行为治疗、正念疗法、支持性疗法、补充和替代疗法。近期一个荟萃分析显示心理教育对焦虑的影响很小，但在统计学上有显著性意义，而对仅提供信息的项目则没有影响。认知行为疗法是治疗焦虑障碍的一线治疗，研究显示认知行为治疗可行，而且能改善患者焦虑。Piet 的一篇荟萃分析显示虽然现有临床试验的总体质量差异很大，但从相对高质量的随机对照试验中有一些积极的证据支持正念疗法可以改善癌症患者及生存者的焦虑抑郁。支持性疗法，经常会以团体的形式来进行，但是研究结果比较混淆，需要进一步研究。关于补充和替代疗法，如针灸等，很多非盲法的研究显示并没有什么令人信服的证据，但是按摩和创造性的艺术治疗（如艺术疗法、音乐、舞蹈、写作等）在积极治疗期间对患者焦虑有直接的短期影响，但在随访时没有影响。一项关于催眠对癌症患者焦虑影响的荟萃分析显示，催眠可以降低癌症患者焦虑，特别是减轻儿童医疗操作性检查相关焦虑。

Bulfone 等对 60 例乳腺癌术后化疗 1~2 个疗程的患者实施随机对照研究，结果发现音乐治疗可以缓解患者的焦虑状态。Mehnert 等对化疗后 4 周的原发非转移性乳腺癌患者进行随机对照研究，结果发现接受运动疗法的干预组患者的焦虑、抑郁状况有显著改善。Schnerider 等研究发现，女性化疗患者在使用虚拟现实装置后，焦虑和抑郁心理均有所减轻，由化疗引起的相关症状困扰也得到缓解。研究表明，催眠是一种有用的辅助治疗，可以减少诊断和侵入性手术（如乳腺活检）中的疼痛和焦虑。

2. 药物干预　一般而言，通过焦虑症状的严重程度来决定是否使用药物来治疗焦虑。轻度焦虑患者使用支持性治疗或行为治疗已足够，但对于持续恐惧和焦虑的患者需要药物治疗，药物治疗疗效显著且起效较快。苯二氮䓬类药物常用于肿瘤患者，来治疗焦虑，特别是惊恐发作，也用于治疗恶心和失眠。应用抗焦虑药时需考虑抗焦虑药物和恶性肿瘤治疗药物之间可能存在相互作用，药物从小剂量开始服用，如果耐受好再逐渐增加剂量。由于恶性肿瘤患者的代谢状态发生了改变，药物维持剂量要比健康个体低。表 8-1 列出了常用于恶性肿瘤患者的抗焦虑药。

表 8-2 列出了基于证据的恶性肿瘤患者服用抗焦虑药的疗效。

表 8-1　常用于恶性肿瘤患者的抗焦虑药

药物	剂量范围	备注
1. 苯二氮䓬类		
劳拉西泮	0.25~2.0mg, po, q4~12h	无代谢方面的不良反应，可用于肝脏肿瘤或转移瘤，减轻恶心和呕吐
阿普唑仑	0.25~1.0mg, po, q6~24h	快速起效，快速耐受
奥沙西泮	7.5~15mg, po, q8~24h	无代谢方面的不良反应
地西泮	2~10mg, po/im, q6~24h	对慢性持续焦虑有效
氯硝西泮	0.5~2.0mg, po/im, q6~24h	对慢性持续焦虑、发作性焦虑或冲动行为有效
2. 抗抑郁药		
帕罗西汀	20~40mg/d, po	治疗惊恐障碍，恶心、镇静作用较强
艾司西酞普兰	10~20mg/d, po	治疗惊恐障碍，恶心、疲乏
文拉法辛	75~225mg/d, po	治疗广泛性焦虑障碍，恶心
曲唑酮	50~100mg/d, po	治疗伴有抑郁的焦虑障碍，头晕、恶心
3. 抗精神病药		
奥氮平	2.5~10mg/d, po	镇静作用较强
喹硫平	25~50mg/d, po	镇静作用较强

注：po= 口服；im= 肌内注射

表 8-2 基于证据的恶性肿瘤患者服用抗焦虑药的疗效

药物	文献	精神症状	研究结果（阳性 / 阴性）	证据等级
1. 抗焦虑药				
阿普唑仑	Holland 等	焦虑或抑郁	阳性	Ⅱ
	Wald 等	焦虑	阴性	
劳拉西泮	Clerico 等	—	阳性	Ⅰ
	Gonzalez 等	—	阳性	
2. 抗抑郁药				
氟西汀	Holland 等	抑郁	阳性	Ⅱ
	Razavi 等	抑郁	阴性	
帕罗西汀	Musselman 等	—	阳性	Ⅱ
	Musselman 等	抑郁	阴性	
舍曲林	Stockler 等	焦虑、抑郁、疲乏、精力不足	阴性	Ⅱ
米氮平	Cankurtaran 等	焦虑或抑郁	阳性	Ⅲ

注：证据等级：Ⅰ代表多元随机对照研究，足够的样本量（较好的安慰剂对照研究）；Ⅱ代表至少有一个随机对照（较好的安慰剂对照研究）；Ⅲ代表前瞻性研究、病例分析或高质量的回顾性研究

三、推荐意见

1. 肿瘤患者焦虑障碍的评估工具推荐使用医院焦虑抑郁量表（强烈推荐，高质量证据）。

2. 肿瘤患者焦虑障碍的评估工具可选用广泛性焦虑自评量表（强烈推荐，中等质量证据）。

3. 恶性肿瘤患者的焦虑障碍推荐心理干预联合药物干预（强烈推荐，高质量证据）。

4. 推荐使用个体心理干预改善恶性肿瘤患者的焦虑症状（强烈推荐，中等质量证据）。

5. 推荐使用认知行为治疗短期改善恶性肿瘤患者的焦虑症状（强烈推荐，高质量证据）。

6. 对于持续恐惧和焦虑的患者，一线药物是苯二氮䓬类药物（强烈推荐，高质量证据）。

7. 推荐使用阿普唑仑改善患者焦虑症状（强烈推荐，中等质量证据）。

8. 推荐使用劳拉西泮改善患者焦虑症状（强烈推荐，高质量证据）。

9. 推荐使用 SSRI 改善患者焦虑、抑郁、疲乏、精力不足的症状（强烈推荐，中等质量证据）。

10. 推荐使用米氮平改善患者焦虑或抑郁症状（强烈推荐，低质量证据）。

第二节　抑郁障碍

一、背景

抑郁在肿瘤患者中非常普遍，但经常被忽略，以致得不到有效的治疗。造成这种现象的常见原因之一是医疗人员认为悲伤是肿瘤患者正常的情绪反应。然而，我们必须要认识到抑郁是晚期肿瘤患者生存质量差的一项独立预测因素。

抑郁症又称抑郁障碍，以显著而持久的心境低落为主要临床特征，是心境障碍的主要类型。临床可见心境低落与其处境不相称，情绪的消沉可以从闷闷不乐到悲痛欲绝，自卑抑郁，甚至悲观厌世，可有自杀企图或行为，甚至发生木僵；部分病例有明显的焦虑和运动性激越；严重者可出现幻觉、妄想等精神病性症状。每次发作持续至少2周以上、长者甚或数年，多数病例有反复发作的倾向，每次发作大多数可以缓解，部分可有残留症状或转为慢性。

抑郁是伴随负性生活事件（如肿瘤诊断和治疗应激）的正常心理体验，但如果人们不能良好地应对肿瘤这个疾病，肿瘤就会明显影响他们的生活、工作和社会功能，从而导致抑郁的发生。肿瘤相关性抑郁（cancer-related depression，CRD）是指由肿瘤诊断、治疗及其合并症等导致患者失去个人精神常态的情绪病理反应。研究发现，心理社会因素在肿瘤的发生发展中占重要地位，两者相互促进，互为协同，严重影响患者的生活质量。

二、证据

最新数据显示，心境障碍在中国成人中的终生患病率为7.4%，在肿瘤人群中患病率更高。研究显示，25%~45%的肿瘤患者在不同的病程和疗程中并发抑郁性障碍。我国学者利用诊断性访谈调查发现肿瘤患者抑郁的患病率为25.9%（21.9%~29.9%），不同地区的肿瘤类型分布不同，因此抑郁的患病率也有所不同。抑郁性障碍的发生与肿瘤的发展进程相关，相比早期肿瘤，进展期肿瘤患者更易出现抑郁。此外，不同诊断或评估工具得出的患病率也有差异。

（一）诊断标准

目前临床主要使用的诊断标准是国际疾病分类第10版（ICD-10）中精神和行为障碍的分类，是世界卫生组织170多个成员国家共同使用的现行分类系统，是临床上经常使用的诊断标准。诊断中需要注意，抑郁障碍的临床症状与某些肿瘤症状很相似，如自主神经功能症状（食欲缺乏、胃肠功能紊乱、性欲下降等）可能为肿瘤本身引起的，而非抑郁障碍的症状。除下丘脑 - 垂体 - 肾上腺素轴的相关激素外，某些抗癌药物也可以引起抑郁障碍，如干扰素、白介素 -2 和类固醇激素等。

（二）评估工具

目前还没有明确的适用于肿瘤临床的评估工具，临床或科研中常采用的筛查评估工具是医院焦虑抑郁量表（hospital snxiety depression scale，HADS），这是较完整的评估工具，具有良好的信效度，至少可以推荐用于晚期癌症或缓和医疗的患者。

贝克抑郁自评量表（beck depression rating scale，BDI）被广泛运用于临床流行病学调查，它更适用于不同癌症类型和不同分期的癌症患者，能更好地用于筛查出患有抑郁的患者。

患者健康问卷 -9（patient health questionnaire-9，PHQ-9）内容简单且操作性强，被广泛用于精神疾病的筛查和评估，国内肖水源等将该量表用于恶性肿瘤患者的抑郁筛查，证实该量表具有良好的信效度，是可操作性强，简单方便的抑郁筛查量表。

为了避免自评量表在筛查方法上的偏差，临床和科研中一般会同时选用两种以上的量表或问卷。

（三）抑郁的干预

抑郁障碍的标准治疗为精神药物治疗联合心理治疗。对于轻到中度抑郁障碍可选择心理治疗，而重度抑郁障碍则首选药物治疗。大多数情况下，可选择两者联合来治疗抑郁障碍。

1. 药物治疗　临床上，抗抑郁治疗药物已经被广泛用来治疗各种躯体疾病伴发的抑郁障碍，而且研究表明抗抑郁药物对肿瘤相关性抑郁同样有效。选择性 5- 羟色胺再摄取抑制剂是近年临床上广泛应用的抗抑郁药，主要药理作用是选择性抑制 5- 羟色胺再摄取，使突触间隙 5- 羟色胺含量升高而达到治疗抑郁障碍的目的，具有疗效好、不良反应少、耐受性好、服用方便等特点。主要包括氟西汀、舍曲林、帕罗西汀、西酞普兰和艾司西酞普兰。Fisch MJ 等一项随机双盲对照研究，163 名伴有抑郁症状的晚期癌症患者分别服用氟西汀（20mg/d）和安慰剂治疗 12 周，结果发现服用氟西汀可以提高患者的生活质量，减轻抑郁症状，且氟西汀的耐受情况良好。此外，Morrow GR 等进行的一项随机双盲对照研究发现，帕罗西汀能改善癌症患者的抑郁情绪，但对化疗患者的疲乏没有显著改善。

新型抗抑郁药文拉法辛、度洛西汀可以抑制 5- 羟色胺和去甲肾上腺素再摄取受体，米氮平可以抑制去甲肾上腺素再摄取受体和刺激神经元胞体释放 5- 羟色胺，这三种药物具有增加 5- 羟色胺和去甲肾上腺素浓度的双重作用。Cankurtaran 等的一项研究对米氮平和丙咪嗪的疗效进行了对比，将伴有重度抑郁障碍的癌症患者分为 3 组，分别给予米氮平、丙咪嗪及安慰剂治疗，结果发现米氮平可以有效地改善癌症患者的抑郁和失眠，其疗效优于丙咪嗪。此外，部分学者研究发现，米氮平还能改善癌症患者恶病质、恶心和潮红等症状。

国内有小样本的随机对照研究显示氟哌噻吨美利曲辛应用于癌症患者具有改善焦虑、抑郁情绪的作用，该药与阿片类镇痛药、常规止吐药联用能够增加镇痛、止吐疗效。

表 8-3 列出了肿瘤患者常用的抗抑郁药。

2. 心理治疗　对于肿瘤患者的抑郁障碍，可采取个体心理治疗或团体治疗的方式。常用的心理治疗方法有支持性心理治疗、认知行为治疗等。一般而言，支持性心理治疗可适用于所有就诊对象，各类抑郁障碍患者均可采用，帮助患者减少孤独感，学习应对技巧。认知行为治疗可以缓解患者特殊的情绪、行为和社会问题，以获得减轻焦虑、抑郁和痛苦。国内的团体心理治疗也比较成熟，研究发现团体心理治疗可以明显改善乳腺癌、肺癌、胃癌、早中期结直肠癌患者的情绪状况及生活质量。

除上述治疗以外，对于晚期患者，许多低质量的证据支持心理治疗对抑郁改善有中等以上的效果，虽然证据力度不强，但仍可以作为重要的手段推荐使用。而且专门针对晚期患者的一些治疗模式也在探索之中，比如 CALM 治疗已经取得了证据支持。CALM 治疗是一种应用于预计生存期大于 6 个月的晚期疾病患者的短程个体心理治疗模式。该治疗可以改善处于肿瘤或其他疾病终末期患者的抑郁情绪和心理状态。CALM 为医疗系统的症状管理提供支持，并为患者提供了一个机会来谈论他们的想法和情绪，关注患者在当下疾病阶段仍然可能的心理成长。

表 8-3 肿瘤患者常用的抗抑郁药物

药物	起始剂量	维持剂量	主要不良反应	使用建议
选择性 5- 羟色胺再摄取抑制剂（SSRIs）				
舍曲林 sertraline	25~50mg	50~150mg/d	用药早期可能出现胃肠道反应，如恶心、呕吐等；抗胆碱能反应，如口干；嗜睡、失眠、兴奋、焦虑等；性功能障碍等	注意药物相互作用，如氟西汀可以抑制 CYP2D6 酶将他莫昔芬转化为其活性代谢产物；勿与单胺氧化酶抑制剂（MAOI）合用，换药时需要足够的时间间隔；肝功能异常者、有癫痫病史、有出血倾向者慎用
氟西汀 fluoxetine	10~20mg	20~60mg/d		
帕罗西汀 paroxetine	20mg	20~60mg/d		
西酞普兰 citalopram	20mg	20~60mg/d		
艾司西酞普兰 escitalopram	10mg	10~20mg/d		
三环类抗抑郁药（TCAs）				
阿米替林 amitriptyline	6.25~12.5mg 睡前	12.5~25mg/d	强度镇静，抗胆碱能相关不良反应	可用于治疗神经病理性疼痛

续表

药物	起始剂量	维持剂量	主要不良反应	使用建议
其他药物				
文拉法辛 venlafaxine	18.75~37.5mg	75~225mg/d	恶心，高血压慎用	对神经病理性疼痛、潮热有效
度洛西汀 duloxetine	20~30mg	60~120mg/d	恶心	对神经病理性疼痛有效
米氮平 mirtazapine	15mg	15~45mg/d	镇静、体重增加	促进食欲、止吐
曲唑酮 trazodone	25~50mg	50~400mg/d	头晕、恶心	常用于伴焦虑或失眠的轻、中度抑郁患者
安非他酮 bupropion	50~75mg	150~450mg/d	禁用于癫痫	无性功能障碍不良反应，可用于改善疲乏
哌甲酯 methylphenidate	5mg（早晨和中午各2.5mg）	10~60mg/d	须监测血压	起效快
氟哌噻吨 - 美利曲辛 flupenthixol-melitracen	1片（早晨或中午服用，每片含氟哌噻吨 0.5mg 和美利曲辛 10mg）	1~2片 / 天（早晨1片或早晨、中午各1片）	神经兴奋作用可引起失眠，避免睡前服用	与阿片类镇痛药、常规止吐药联用可增强镇痛、止吐疗效

三、推荐意见

1. 选择性 5-羟色胺再摄取抑制剂在临床上应用广泛，具有疗效好，不良反应少，耐受性好，服用方便等特点（强烈推荐，高质量证据）。

2. 推荐使用氟西汀减轻恶性肿瘤患者的抑郁症状，提高生活质量，且氟西汀的耐受情况良好（强烈推荐，高质量证据）。

3. 推荐使用帕罗西汀改善恶性肿瘤患者的抑郁情绪，（强烈推荐，高质量证据）。

4. 推荐使用米氮平改善恶性肿瘤患者的抑郁和失眠，其疗效优于丙米嗪（强烈推荐，中等质量证据）。

5. 推荐使用米氮平改善恶性肿瘤患者恶病质、恶心和潮红等症状（强烈推荐，高质量证据）。

6. 抗抑郁药应从小剂量开始使用，逐渐加量，要密切注意药物的不良反应（强烈推荐，高质量证据）。

7. 推荐氟哌噻吨美利曲辛与阿片类镇痛药、常规止吐药联用，可改善焦虑抑郁情绪的同时提高镇痛药、止吐药疗效（弱推荐，中等质量证据）。

8. 推荐运用团体心理治疗技术改善恶性肿瘤患者的情绪状况和生活质量（强烈推荐，高质量证据）。

9. 推荐运用心理治疗改善晚期患者的抑郁状态（强烈推荐，中等质量证据）。

第三节　谵　　妄

一、背景

谵妄（delirium）是恶性肿瘤患者，特别是晚期恶性肿瘤患者常见的一种精神症状。它是一种短暂的，通常可以恢复的，以认知功能损害和意识水平下降为特征的脑器质性综合征，通常急性发作，多在晚间加重，持续时间数小时到数日不等。在住院的恶性肿瘤患者中，谵妄的患病率在15%~30%，终末期患者则达到85%，谵妄的发生将影响患者的疾病进程，延长住院时间，甚至会影响其生存期，增加死亡危险，并给家属造成沉重的护理负担和心理压力。

二、证据

（一）评估工具

在临床实践中，谵妄的风险可以根据易感因素（高龄、之前存在认知功能问题、共病等）和诱发因素（手术、感染、疼痛等）来评估。易感因素越多，则越易导致谵妄。在谵妄确诊后，需要仔细深入评估可逆性原因；所有可纠正的影响因素都应予以重视并给予适合的处理。

理想的评估工具应根据治疗目标、临床情况以及使用者（医生或护士）的情况进行选择。

研究表明，简明精神状态检查量表（mini-mental state examination，MMSE）可用于肿瘤临床的筛查，可有效的检测到认知损害，但缺乏诊断效力。MMSE简单且评分容易，但是它不能区分痴呆和谵妄，而且MMSE存在较高的假阴性率，尤其是针对局部脑外伤和轻度认知功能障碍者。文化程度和 MMSE 得分成正相关，即文化程度越低，MMSE 得分越低。

护理谵妄筛查量表（nursing delirium screening scale，Nu-DESC）常用于围术期谵妄筛选，其最大的特征是其便携性和易用性，利用与患者简单交流得到的信息就能完成评估，适用于护理人员对住院患者的日常评估，但敏感性和特异性略低。

谵妄评定量表（the delirium rating scale，DRS）用于临床工作者评定躯体疾病的患者发生谵妄及其严重程度的量表。DRS 的评定基于对患者 24 小时的观察，所有与患者的访谈、精神状态检查、护士观察和家属报告的有用信息都对 DRS 的评分有帮助。

Sands 等开发出仅有一个问题的筛查工具（single question in delirium，SQiD），由护理人员询问照顾者，研究表明具有良好的信效度，可推荐用于我国肿瘤临床工作中。

谵妄评定方法（confusion assessment method，CAM）被认为是最有效的床旁谵妄评估工具，有很强的循证证据支持。根据四个特征来确定谵妄的诊断：精神状态的急性改变并伴有波动，注意力不集中，思维混乱，意识水平改变。CAM 包括简易版、ICU 版、3 分钟诊断版，适用于不同的临床需要。

（二）谵妄的处理

1. 非药物干预

（1）非药物干预预防谵妄：Inouye 等于 1999 年在《新英格兰医学杂志》上发表的一项多因素非药物干预研究，发现通过干预谵妄的 6 个核心风险因素（认知损害、睡眠剥夺、活动受限、视觉受损、听觉受损以及脱水）后，以发生谵妄作为结局指标，住院老年患者的谵妄发生率在干预组为10%，对照组为15%，谵妄的持续时间以及谵妄的发作次数干预组显著低于对照组，但是两组在谵妄的严重程度上没有显著差异。2015年Hshieh等对谵妄的多因素非药物干预的作用进行了Meta分析，结果表明非药物干预可有效减少谵妄的发病率。

在肿瘤临床工作中，Gagnon等使用简化的多因素非药物干预用于终末期恶性肿瘤患者，通过对医生（关注谵妄风险因素）、患者（重新定向）以及家属（宣教）的干预，发现干预组与对照组在谵妄发生率、严重程度以及谵妄时间上没有显著差异，研究者对此的解释为使用的干预方法过于简单，而研究对象是终末期的恶性肿瘤患者，从而未能达到相应的效果。此外，该研究还存在很多方法学上的局限，需要更进一步的研究，特别是针对肿瘤临床特征性的风险因素进行干预。我国学者使用多因素非药物干预老年口腔癌患者，发现术后谵妄发生率和持续时间均低于对照组。

（2）非药物干预治疗谵妄：Cole等针对老年谵妄患者开展的两项随机临床试验，使用系统监测与多学科照料，发现干预组在约束情况、住院时间、死亡率以及受照顾的情况与对照组相比没有显著差异，仅仅在谵妄的严重程度上比对照组低一些。Flaherty等对148例65岁以上的恶性肿瘤患者进行了观察性研究，其中谵妄的患病率为16.2%。给予这些患者使用谵妄专用病房（无约束并提供24小时护理），结果发现使用谵妄专用病房的患者在日常生活功能上有所改善。

2. 药物干预

(1)药物干预预防谵妄：在一项小样本的研究中，Boogaard 等对 ICU 中有高度谵妄风险的患者预防性给予氟哌啶醇(每 8 小时给予 1mg)，结果发现对于高危患者小剂量使用氟哌啶醇是有益的。我国学者在一项前瞻性、随机、双盲、安慰剂对照的研究中也发现，对于术后 ICU 患者静脉给予小剂量氟哌啶醇可显著降低术后谵妄的发生率。然而，Boogaard 团队最新的大样本随机对照研究 REDUCE 则发现，在已经接受非药物干预预防谵妄的危重患者中，预防性使用氟哌啶醇既不能提高生存率，也不能减少谵妄的发生率以及与谵妄相关的危害。该研究表明，简单的预防性使用氟哌啶醇并不能解决危重患者谵妄的这个复杂问题。目前在肿瘤临床中还没有类似的研究，缺乏相应证据。

(2)药物治疗谵妄：抗精神病药物可以控制恶性肿瘤患者的谵妄症状，但目前 FDA 尚未批准任何一种药物用于治疗和预防谵妄。有很多研究关注非典型抗精神病药物和典型抗精神病药物治疗谵妄，但是研究人群主要集中于老年患者、围术期及 ICU 患者，专门针对恶性肿瘤患者的研究不多。Breitbart 等一项开放性研究，79 名住院的晚期恶性肿瘤谵妄患者，给予奥氮平(2.5~5mg，日最高剂量 20mg)治疗，76% 的患者得到有效缓解，最常见的不良反应是镇静，疗效不佳的主要因素包括年龄大于 70 岁、痴呆病史以及活动减少型谵妄。Kim 等一项开放性研究，对 12 名恶性肿瘤谵妄患者给予喹硫平治疗(平均剂量 93.75mg/d，平均治疗时间 5.91 天)，DRS 评分从 18.25 分降至 8 分，没有发现帕金森样的不良反应，镇静与生动的梦境是报告的不良反应。最新的一项随机对照研究发现，与氟哌啶醇单药相比，氟哌啶醇联合劳拉西泮可以更好地改善晚期恶性肿瘤患者持续性的激越。一项通过对纳入 9 603 人的 58 项随机临床试验的网络荟萃分析表明，氟哌啶醇联合劳拉西泮治疗谵妄的有效率最高。

此外要注意的是，对于特殊人群，需要权衡抗精神病药物的收益与潜在的危害。在一项针对接受缓和医疗患者的随机对照研究中，相比安慰剂，抗精神病药物（利培酮、氟哌啶醇）对于谵妄的症状没有更好的效果。对于 ICU 中的危重患者，早期使用右美托咪定不足以达到临床所需的镇静水平，并且会比常规治疗出现更多的不良事件。提示我们肿瘤患者在接受上述治疗时应予以注意。

尽管关于抗精神病药物治疗谵妄的研究有很多，但应该注意到这些研究的局限性。表 8-4 列出了恶性肿瘤患者谵妄的常用药物。当患者过度激越、精神症状突出或者对自身及他人有潜在危险时，应予药物治疗。氟哌啶醇是最常用的抗精神病药物，有报道表明，新型抗精神病药物利培酮、奥氮平等对谵妄亦有效。

表 8-4　恶性肿瘤患者谵妄的常用药物

药物	剂量范围	优缺点
1. 抗精神病药物		
氟哌啶醇	0.5~2.0mg，po/im/iv，q4~12h	静脉滴注是口服作用的 2 倍，不良反应较少，对严重的激越患者可 2~5mg 静脉注射或持续静脉滴注； 强镇静作用，可持续静滴

续表

药物	剂量范围	优缺点
氯丙嗪	25~100mg, po/im/iv, q4~12h	监测血压
利培酮	0.5~2.0mg, po, q12~24h	老年患者有效，对严重激越患者无效
奥氮平	2.5~5.0mg, po, q12~24h	对恶性肿瘤患者有效，镇静作用较强
喹硫平	12.5~50mg, po, q12h	合并用药安全，过度镇静
2. 苯二氮䓬类药物		
劳拉西泮	0.5~4.0mg, po, q4~12h	与抗精神病药一起应用时最有效，单药可能加重谵妄
3. 麻醉药		
丙泊酚	10~50mg, iv, qh	快速起效，作用时间短，可滴定到镇静水平

注：po：口服；im：肌内注射；iv：静脉滴注

三、推荐意见

1. 根据临床实践需要，选择简便易行的评估工具（强烈推荐，高质量证据）。

2. 短期使用小剂量抗精神病药物治疗恶性肿瘤患者谵妄症状，密切监测可能的不良反应，特别是老年患者（强烈推荐，高质量证据）。

3. 氟哌啶醇是具有临床和研究经验最多的药物，推荐使用低剂量（0.5~2mg）氟哌啶醇减轻患者的谵妄症状（强烈推荐，高质量证据）。

4. 使用抗精神病药物预防恶性肿瘤患者的谵妄（弱推荐，高质量证据）。

5. 对于存在谵妄风险的患者提供非药物干预（强烈推荐，高质量证据）。

6. 氟哌啶醇联合劳拉西泮改善恶性肿瘤患者激越型谵妄（强烈推荐，高质量证据）。

7. 保持良好睡眠模式与睡眠节律，监测营养状况，监测感知缺陷，提供视觉和听觉帮助，鼓励活动（尽可能减少使用尿管、静脉输液以及躯体限制），鼓励认知刺激性活动可以预防谵妄（强烈推荐，高质量证据）。

第四节　自　　杀

一、背景

自杀是全球重要的公共卫生问题，也是肿瘤学的重要问题。世界卫生组织将自杀定义为，自发完成的、故意的行动后果，行为者本人完全了解或期望这一行动的致死性后果。按自杀行为的结局分为自杀未遂和自杀死亡。自杀行为包括四个心理过程，分别是自杀意念、自杀计划、自杀准备、自杀行动。

国外研究显示癌症患者自杀的危险性是普通人群的2倍。美国普通人群年自杀率为16.7/10万，癌症患者年自杀率为31.4/10万。北京大学肿瘤医院的一项调查显示北京市癌症患者有自杀意念的患者比例为16.6%，住院癌症患者的自杀意念比例为15.3%，而中国普通人群的自杀意念比例只有 3.9%。中国妇科癌症患者的自杀意念比例为 18.1%，卵巢癌患者自杀意念比例高达 30.16%。

二、证据

（一）评估工具

1. 护士用自杀风险评估量表（nurses' global assessment of suicide risk，NGASR）　由英国学者 Cutcliffe 等在临床实践的基础上编制的用于精神科评估自杀风险的他评量表。该量表根据自杀相关的危险因素筛选出 15 项自杀风险预测因子，并且根据各个自杀因子与自杀的相关性给予其不同的权重赋值。测试时只要个体存在预测因子就给予表格中的相应得分，根据总分评估决定自杀风险的严重程度以及应采取的相应处理等级。

2. 简明国际神经精神访谈（mini-international neuropsychiatric interview，MINI）自杀筛选问卷　是由美国和欧洲的精神病学家和临床医生发明，是针对《美国精神障碍诊断与统计手册第 4 版》《国际疾病分类第 10 版》中精神疾病的一种简式结构式诊断访谈问卷。

（二）评估原则

自杀风险是指一个人采取自杀行动的可能性大小。对患者自杀风险进行评估是预防自杀的重要环节和组成部分，其主要目的是筛查出自杀意念的高危人群，从而进行相应的预防干预。对个体自杀危险性的评估包括对自杀危险因素的评估、自杀意念和采取自杀行为的可能性大小评估，以及对自杀态度的评估。根据评估可将自杀分为：①高危：有强烈自杀的意念和严重的自杀行为；②中高度危险：事情已安排妥当，计划好要自杀，随时都有危险性；③中度危险：只是计划时间上的跨度，还没有机会去实施；④低度危险：只有想法暂无行动。

（三）评估内容

对于癌症患者的自杀企图和自杀意念的评估，一般采用开放式的临床访谈收集资料，可以从以下几个方面进行评估：①自杀意念的访谈，询问患者是否有自杀意念；②与疾病和治疗相关的评估；③情绪和精神状况的评估；④行为的评估；⑤个人特征的评估；⑥社会资源的评估。

（四）干预

1. 药物干预　识别患者存在的自杀危险因素有助于临床医生制定更有针对性的预防、干预和治疗计划。自杀的危险因素包括：重度抑郁，控制欠佳的症状如疼痛，无望，预后差，分期晚，癌症确诊后1年内等。系统综述显示抗抑郁药物可以降低抑郁患者的自杀率。患重度抑郁的癌症患者是自杀的高危人群，应积极给予抗抑郁治疗。如能及时发现并早期给予治疗，可降低自杀率。药物干预还包括使用规范化的止痛治疗以改善癌症患者的疼痛，使用抗焦虑药改善患者的焦虑，使用抗精神病药改善患者的谵妄或精神病性症状，如幻觉、妄想等，帮助患者减轻症状带来的痛苦，有助于降低患者的自杀风险。

2. 非药物干预

（1）一般干预措施：对于重度抑郁出现自杀意念或行为的患者建议住院治疗；对于有自杀意念的患者，要避免其在住院期间或在家接触到药物或其他危险品；家人或朋友应密切注意并监护患者安全。

（2）心理治疗

1）尊严治疗（dignity therapy）：该疗法认为终末期患者

尊严的三个主要范畴，包括与疾病相关的忧虑，维护尊严的方法，社会尊严。系统综述显示尊严治疗帮助晚期癌症患者增加活着的尊严感、意义感和目标感。

2）意义治疗（meaning-centered psychotherapy）：Breitbart 等的随机对照研究显示意义治疗可以帮助晚期癌症患者维持和增强意义感，改善患者的灵性幸福，减轻患者的抑郁，减少对死亡的焦虑和渴求。

3）恶性肿瘤管理并寻找生命意义（managing cancer and living meaningfully，CALM）：帮助患者察觉人生意义和目的，面对死亡相关议题，Rodin 等的随机对照研究显示 CALM 治疗改善晚期癌症患者的抑郁症状，帮助患者做好终末期准备。

4）其他形式的心理治疗：系统综述显示认知行为治疗有助于管理癌症患者的躯体症状，纠正导致患者出现自杀意念和无望的歪曲认知。

（3）危机干预：对有自杀意念的患者，应进行危机干预。危机干预的目的是通过适当释放蓄积的情绪，改变对危机性事件的认知态度，结合适当的内部应对方式、社会支持和环境资源，帮助当事人获得对生活的自主控制，渡过危机，预防发生更严重及持久的心理创伤，恢复心理平衡，从而有效地预防自杀。

（五）预防

自杀的预防分为三级，即一级预防、二级预防和三级预防。总的预防方向是提高癌症患者的心理素质，加强精神卫生服务。

1. 一级预防　主要是预防个体自杀倾向的发展。进行公众科普教育，普及心理健康知识，增强患者及家属预防自杀的意识；提高医护人员对抑郁症等精神疾病的识别与防治，对癌症患者进行心理痛苦筛查工作。

2. 二级预防　主要是指对处于自杀边缘的个体进行危机干预。提高医护人员对自杀危险因素的识别和正确处理的能力；建立自杀预防小组，或及时请精神科或心理科会诊，为处于心理危机的患者提供支持和帮助；减少自杀工具的获得；对精神疾病患者的自杀进行预防。

3. 三级预防　主要是指采取措施预防曾经有过自杀未遂的人再次发生自杀。建立自杀的急诊救治系统，提高对自杀者的救治水平；发现和解决自杀未遂者导致自杀的原因，必要时采取药物和非药物治疗，预防再自杀；对自杀行为者提供情感支持。

三、推荐意见

1. 推荐使用抗抑郁药物降低抑郁患者的自杀率（强烈推荐，高质量证据）。

2. 对于晚期癌症患者，推荐使用尊严治疗帮助患者增加活着的尊严感、意义感和目标感（强烈推荐，高质量证据）。

3. 对于晚期癌症患者，推荐使用意义治疗改善患者的灵性幸福，减轻患者的抑郁，减少对死亡的焦虑和渴求（强烈推荐，高质量证据）。

4. 对于晚期癌症患者，推荐使用 CALM 治疗改善患者的抑郁症状，帮助患者做好终末期准备（强烈推荐，高质量证据）。

5. 推荐使用认知行为治疗纠正导致患者出现自杀意念和无望的歪曲认知（强烈推荐，中等质量证据）。

6. 对有自杀意念的患者，应进行危机干预（弱推荐，低质量证据）。

7. 推荐使用公众科普教育，提高医护人员对抑郁症等精神疾病的识别与防治，对癌症患者进行心理痛苦筛查工作进行自杀预防（强烈推荐，中等质量证据）。

第五节 失 眠

一、背景

失眠（insomnia）是指患者对睡眠时间和 / 或质量不满足，并持续相当长一段时间，影响其日间社会功能的一种主观体验。失眠的主要临床表现：入睡困难（入睡时间超过 30 分钟）、睡眠维持障碍（多梦、易醒、整夜觉醒次数≥ 2 次、觉醒持续时间延长）、早醒（比往常早醒 2 小时以上和日间瞌睡增多）、睡眠质量下降、睡眠后不能恢复精力以及总睡眠时间减少（通常少于 6 小时）。研究发现，癌症患者在病程的各个阶段都常常伴随着不同程度的睡眠障碍，失眠是发生在癌症患者中最为常见的睡眠障碍，患病率为 17%~57%，是普通人群的 2~3 倍。

二、证据

（一）诊断依据

根据国际疾病分类第 10 版（ICD-10）精神与行为障碍分类，非器质性失眠症（F51.0）诊断标准如下。

1. 主诉或是入睡困难，或是难以维持睡眠、或是睡眠质量差；

2. 这种睡眠紊乱每周至少发生三次并持续一月以上；

3. 日夜专注于失眠，过分担心失眠的后果；

4. 睡眠量和/或质的不满意引起了明显的苦恼或影响了社会及职业功能。

（二）评估工具

1. 评估量表

（1）匹兹堡睡眠质量指数（pittsburgh sleep quality index，PSQI）：主要用于评估最近一个月的睡眠质量。PSQI由19个自评条目和5个他评条目组成，其中18个条目组成7个因子，每个因子按0~3分计分，累计各因子成分得分为总分，总分范围为0~21分，得分越高，表示睡眠质量越差。

（2）失眠严重程度指数量表（insomnia severity index，ISI）：共7个题目，每项按0~4评分，总分28分，用于评估最近两周失眠的严重程度。分数越高表示失眠越严重。0~7分表示无失眠，8~14分表示亚临床失眠，15~21分表示中度失眠，22~28分表示重度失眠。

2. 辅助检查　多导睡眠图监测（polysomnogram，PSG）：是在整夜睡眠过程中，连续并同步记录脑电、呼吸等10余项指标，记录次日由仪器自动分析后再经人工逐项核实。可以为慢性失眠的诊断、鉴别诊断提供客观依据，为选择治疗方法及评估疗效提供重要参考信息。

（三）失眠的治疗

1. 药物治疗　为使用药物治疗癌症患者的失眠通常参照治疗普通人群失眠的经验，根据癌症患者的躯体情况等，适当调整药物剂量，把握获益与风险的平衡。药物治疗的原则是在病因治疗和非药物治疗措施的基础上酌情给予相应的药物治疗。

常用药物包括苯二氮䓬类受体激动剂、褪黑素受体拮抗剂和具有催眠作用的抗抑郁药物等。苯二氮䓬类受体激动剂分为非苯二氮䓬类药物及苯二氮䓬类药物。对于癌症患者来说，某些具有镇静作用的抗精神病药（如奥氮平、喹硫平等）可以同时改善癌症患者的食欲和恶心呕吐等，也可参照推荐意见进行个体化治疗。表8-5列出了治疗失眠的常用药物的用法及不良反应。

表8-5　常用药物的用法及不良反应

苯二氮䓬类受体激动剂——非苯二氮䓬类药物		
药物	用法	不良反应
唑吡坦	5~10mg 睡前口服	可能出现头痛、头晕、嗜睡、健忘、噩梦、早醒、胃肠道反应、疲劳等不良反应。严重呼吸功能不全、呼吸睡眠暂停综合征、严重或急慢性肝功能不全、肌无力者禁用
佐匹克隆	3.75~7.5mg 睡前口服	可能出现嗜睡、口苦、口干、肌无力、遗忘、醉态、好斗、头痛、乏力等不良反应；长期服药后突然停药会出现戒断症状。呼吸功能不全、重症肌无力、重症睡眠呼吸暂停综合征的患者禁用
右佐匹克隆	1~3mg 睡前口服	可能出现头痛、嗜睡、味觉异常等不良反应。失代偿的呼吸功能不全、重症肌无力、重症睡眠呼吸暂停综合征患者禁用

续表

苯二氮䓬类药物		
药物	用法	不良反应
阿普唑仑	0.4~0.8mg 睡前口服	可能出现镇静、困倦、肌无力、共济失调、眩晕、头痛、精神紊乱等不良反应。 长期使用可能出现依赖或戒断症状，尤其是既往有药物依赖史的患者。 慎用于急性酒精中毒、肝肾功能损害、重症肌无力、急性或易于发生的闭角型青光眼发作、严重慢性阻塞性肺疾病等患者
艾司唑仑	1~2mg 睡前口服	
劳拉西泮	0.5~1mg 睡前口服	
地西泮	5~10mg 睡前口服	
氯硝西泮	1~2mg 睡前口服	
抗抑郁剂以及褪黑素受体激动剂		
药物	用法	不良反应
米氮平	15~30mg 睡前口服	可能出现食欲及体重增加、镇静、嗜睡等不良反应。糖尿病、急性闭角型青光眼、排尿困难者应用时需注意
曲唑酮	25~50mg 睡前口服	可能出现嗜睡、疲乏、头晕、紧张、震颤、口干、便秘等不良反应。肝功能严重受损、严重的心脏疾病或心律失常者、意识障碍者禁用
阿米替林	12.5~25mg 睡前口服	可能出现视力减退、精神紊乱、心律失常、肌肉震颤、尿潴留等

续表

药物	用法	不良反应
		不良反应。严重心脏病、近期有心梗发作史、癫痫、青光眼、尿潴留、甲亢、肝功能损害者禁用
阿戈美拉汀	25~50mg 睡前口服	可能出现恶心、头晕等不良反应。乙肝或丙肝病毒携带者 / 患者，肝功能损害者禁用
具有镇静作用的抗精神病药		
药物	用法	不良反应
喹硫平	12.5~50mg 睡前口服	可能出现头晕、困倦、口干、便秘、心动过速等不良反应
奥氮平	2.5~5mg 睡前口服	可能出现食欲、体重增加，血糖、血脂升高的不良反应。已知有闭角型青光眼危险的患者禁用

2. 心理治疗　心理治疗通常包括睡眠卫生教育、松弛疗法、刺激控制疗法以及认知行为治疗（cognitive behavioral therapy for insomnia，CBT-I）等。针对失眠患者的有效行为治疗方法主要是认知行为治疗，应在药物治疗的同时进行认知行为治疗。研究表明，认知行为治疗对癌症患者的失眠是有效的，可以改善睡眠效率，缩短睡眠潜伏期，减少入睡后的觉醒时间，可持续有效至干预后 6 个月。

（1）松弛疗法：主要包括想象性放松、冥想放松，渐进性肌肉放松、腹式呼吸训练、自我暗示法。松弛疗法初期应在专业人员指导下进行，在整洁、安静的环境中，每天坚持练习 2~3 次，2~4 周可见效，通常连续治疗 6 周以上。

（2）刺激控制疗法：是一套改善睡眠环境与睡眠倾向（睡意）之间相互作用的行为干预措施。具体要求：只有在有睡意时才上床；如果卧床 20 分钟仍不能入睡，应起床离开卧室，等有睡意时再返回卧室睡觉；不要在床上做与睡眠无关的活动，如进食、看电视、思考复杂问题等；不论睡眠时间长短，都要保持规律的起床时间；白天避免小睡。

（3）睡眠限制疗法：通过缩短卧床清醒时间，增加入睡的驱动能力以提高睡眠效率。具体内容为：减少卧床时间以使其和实际睡眠时间相符，并且在 1 周的睡眠效率超过 85% 的情况下才可增加 15~20 分钟的卧床时间；当睡眠效率低于 80% 时则减少 15~20 分钟的卧床时间，睡眠效率在 80%~85% 之间则保持卧床时间不变。

（4）认知行为治疗：是失眠心理行为治疗的核心，2016 年美国医师协会发布的《成人慢性失眠障碍管理指南》强烈推荐所有成年慢性失眠患者均应接受针对失眠的认知行为治疗，作为慢性失眠的初始治疗。CBT-I 包括多个治疗部分，侧重于改变患者对睡眠的错误认识和态度，通常连续治疗 6 周以上。基本内容包括：保持合理的睡眠期望；保持自然入睡，不要强行要求自己入睡；不要过分关注睡眠；培养对失眠影响的耐受性。

三、推荐意见

1. 推荐使用非苯二氮䓬类药物作为治疗失眠的首选用药（强烈推荐，高质量证据）。

2. 推荐使用具有催眠作用的抗抑郁药物治疗伴有焦虑、抑郁症状的失眠患者（强烈推荐，高质量证据）。

3. 推荐使用小剂量具有镇静作用的新型抗精神病药物改善合并有食欲差、恶心呕吐的癌症患者的失眠（弱推荐，低质量证据）。

4. 推荐使用认知行为治疗，作为慢性失眠的初始治疗（强烈推荐，高质量证据）。

5. 松弛疗法、刺激控制疗法和睡眠限制疗法可作为独立的睡眠干预措施或与认知行为疗法联合使用治疗癌症患者的失眠（强烈推荐，高质量证据）。

第六节 疼 痛

一、背景

WHO 和国际疼痛研究协会把疼痛定义为："疼痛是组织损伤或潜在组织损伤所引起的不愉快感觉和情感体验。"2016 年有学者建议将疼痛定义更新为："疼痛是一种与实际或潜在的组织损伤相关联的包括了感觉、情绪、认知和社会成分的痛苦体验。"从之前的感觉、情绪两个维度变为了新增认知和社会维度在内的四个维度。

根据疼痛与肿瘤及治疗的关系，WHO 将癌症患者的疼痛分为四类，分别为肿瘤侵犯所致疼痛、抗肿瘤治疗所致疼痛、与肿瘤相关的疼痛以及与肿瘤或治疗无关的疼痛。

癌痛会引发一系列的心理反应，出现焦虑、抑郁等不良情绪，甚至是精神障碍。最严重时则会出现自杀，疼痛若不能有效控制是癌症患者发生自杀行为或产生自杀观念的主要因素。有研究表明，69% 的公众相信癌痛会导致一个人产生自杀的想法。大部分出现自杀的癌痛患者均存在未能较好控制的疼痛。晚期癌症患者的自杀风险最高，并且大部分均伴有疼痛。纪念斯隆凯特琳癌症中心有一项回顾性研究发现，在要求评估患者自杀观念的会诊中有 1/3 的患者被诊断为重性抑郁，大约 20% 的患者诊断为谵妄，有超过 50% 的患者诊断为适应障碍。癌症患者的自杀观念可能经常出现，特别是晚期癌症患者，如"如果情况变得太糟了，我总得有个出路"。根据我们的经验，在与患者建立起信任与安全关系的基础上，几乎所有的患者均坦诚他们曾有一段时间出现过自杀的想法。对于疼痛缓解的认知可能与无望更加相关，而不是疼痛本身。

二、证据

（一）评估

针对癌痛管理的国内外众多指南，推荐最常用的初步筛查评估工具为数字评分法（numerical rating scale，NRS），对于儿童、老人、文化差异较大、意识障碍等无法顺利沟通者可应用面部表情评分法 - 改良版（the faces pain rating scale-revised，FPS-R）。Ware 等的研究具有中级质量证据，认为 FPS-R 可作为认知受损患者的首选评估方法（54%），且其可靠性高于 NRS。在简单筛查后，《中国恶性肿瘤疼痛诊疗规范指南》推荐癌痛患者需要进行进一步的全面评估，简明癌痛评估量表是一种较为常用的评估工具，BPI 评估癌痛及其对患者情绪、睡眠、活动能力、食欲、日常生活、行走能力、与他人交往等生活质量的影响。Ronald 等的研究具有中级质量证据，其中包括 200 名中国患者，大多数患者可以在 15 分钟内完成量表，患者接受度较好。Tittle 进行的一项纳入 159 例手术治疗和 229 例内科治疗恶性肿瘤患者的研究具有中级质量证据，对这些患者分别进行1次BPI和3次视觉模拟评分法(visual analogue scale/score，VAS)评估，将VAS和BPI的癌痛分级相关联后应用于术后患者或内科治疗患者，结果显示内科治疗组(r=0.95)和手术组(r=0.97)的可靠性指数均较高，研究认为BPI的可靠性与准确性值得信任。Harris等开展的研究具有中级质量证据，研究者应用BPI对199例骨转移患者对放疗后的反应进行评估，通过简明癌痛评估量表了解这些患者的癌痛程度后，结合放疗的照射部位，于放疗前后各进行2个月干预，癌痛评估包括最痛评分、平均疼痛评分、评估时疼痛评分，初始中位评分分别为8分、5分、3.5分，2个月后中位评分分别为4分、2分、1分，患者的癌痛评分显著降低($P < 0.002$)。虽然以上研究不是随机对照研究，但证实了简明癌痛评估量表的可靠性，并且通过干预可以有效降低癌痛程度。

无论患者疼痛程度如何，都需要对患者进行心理社会评估。评估患者的心理痛苦水平；评估患者目前的精神状况，是否存在精神障碍如焦虑、抑郁障碍；评估患者获得家庭和社会支持的程度；了解患者既往的精神病史；了解疼痛控制不佳的风险因素，如药物滥用史、神经病理性疼痛等。癌痛的顽固持续存在，使之比其他任何症状更易引起患者的心理和精神障碍，焦虑、抑郁等不良情绪能明显加重患者对疼痛的感知和体验。

(二)干预

1. 非药物干预　一项荟萃分析表明，心理社会干预对癌症相关疼痛的严重程度以及疼痛带来的困扰均有中等程度的效应，支持将心理社会干预作为癌症患者疼痛管理多模式方法的一部分。

（1）认知 - 行为技术：可用于癌痛管理，包括意向性想象、认知分离与认知关注、带来被动性放松、渐进性肌肉放松、生物反馈、催眠以及音乐治疗等。治疗目标为指导患者体验控制疼痛的感受。有些技术核心是认知，关注认知与思维过程，有些则是通过改善行为的模式来帮助患者应对疼痛。一项在乳腺癌患者中开展的随机对照研究表明，基于正念的认知治疗可有效稳定地改善疼痛，是乳腺癌患者疼痛康复的有效手段。

（2）放松技术：数项技术可用于达到精神与躯体放松状态。肌肉紧张、自主唤醒以及精神痛苦会加剧疼痛。一些特定的放松技术包括被动式放松（集中注意于温暖的感受可以减少身体的紧张感）、渐进性的肌肉放松（包括先主动紧张肌肉再体验放松感）、冥想放松技术等。其他同时包括放松与认知的技术包括催眠、生物反馈、音乐治疗等。

2. 药物干预　1986 年在意大利米兰召开的“WHO 疼痛治疗委员会”首次指出：“应用现有的为数不多的药物就能解除大多数恶性肿瘤患者的疼痛”。临床上应根据患者的疼痛程度和原因，按三阶梯原则适当地选择止痛药物。三阶梯止痛原则也在临床实践中不断得到丰富与发展，Baker 等的一项研究具有中级质量证据，他将 240 例中度癌痛患者随机分为低剂量吗啡组与弱阿片组，两组 NRS 评分降低 20% 的患者分别为 88.2% 和 57.7%，风险比为 6.18（95% *CI* 3.12~12.24，$P < 0.001$），而且低剂量吗啡组早在治疗后第 1 周就可使癌痛减轻，提示低剂量吗啡较弱，阿片类药物控制中度癌痛具有更好的效果。另外 3 项临床研究对 WHO 第二阶梯药物进行了评价，然而这些研究均有

明显的方法学缺陷，并存在统计学效力不足以及选择性偏倚等问题。从总体上看，尽管这些研究提供的证据有限，但对未曾服用过阿片类药物的患者，可以考虑给予低剂量口服吗啡镇痛，其中有些患者可能会取得优于第二阶梯药物的疗效。

精神科药物在癌痛患者中的应用：尽管阿片类药物和非阿片类药物是管理癌痛的主要药物，但是精神科药物在癌痛的管理中也有着重要的应用。联合精神科药物通常可以提高阿片类药物的疗效；通过改善导致疼痛的并发症状来管理疼痛；具有独立的止痛作用；可以在三阶梯的全部阶梯中使用。常用的联合药物包括抗抑郁药、抗癫痫药、精神兴奋剂、抗精神病药物等，其中多数药物是针对神经病理性疼痛的治疗。

阿米替林是研究最多的用于疼痛综合征的三环类抗抑郁药，包括神经病理性疼痛、癌痛以及纤维肌痛。其他具有止痛作用的三环类抗抑郁药还包括丙咪嗪、地昔帕明、去甲替林、多虑平等。此外，目前 SNRI 类抗抑郁药如文拉法辛、度洛西汀等均是有效的联合止痛药物。抗抑郁药具有直接的神经痛与非神经痛止痛作用，临床上通常与阿片类药物联合使用处理中重度癌痛。

常用的精神兴奋剂药物有右旋苯丙胺、哌醋甲酯和匹莫林。精神兴奋剂同样可以提高阿片类药物的止痛作用，并且可以减轻阿片类止痛药镇静的不良反应，成为潜在的止痛联合药物。有研究表明，每天早晨 10mg 哌醋甲酯，中午 5mg 哌醋甲酯可以显著改善镇静的不良反应。哌醋甲酯同样具有改善神经认知功能的作用，如注意力、记忆力。右旋苯丙胺与吗啡联合使用具有止痛增效作用。小剂量的神经兴奋药可以促进食欲、让患者感受变好，以及改善癌症患者的虚弱感和疲劳感。

抗精神病药物，如氟哌啶醇、奥氮平等也具有联合止痛的作用，但应该注意评估患者的意识状态，权衡阿片类药物的使用剂量。

三、推荐意见

1. 推荐医护人员在癌痛治疗中遵循 WHO 三阶梯止痛原则，药物治疗包括阿片类药物、弱阿片类药物、非甾体抗炎药以及抗抑郁药物、抗惊厥药物、糖皮质激素等辅助镇痛药物。应积极处理止痛药物相关恶心、呕吐、便秘等不良反应。中、重度，急、慢性癌痛均应给予积极的阿片类药物滴定（强烈推荐，高质量证据）。

2. 合理使用精神科药物作为多模式镇痛的一部分（强烈推荐，高质量证据）。

3. 心理社会干预可作为多模式镇痛的一部分（强烈推荐，高质量证据）。

第七节　癌症相关疲乏的管理

一、背景

癌症相关疲乏（cancer related fatigue，CRF）是一种常见而又容易被忽略的症状，肿瘤患者无论是在早期、进展期、终末期，甚至在恶性肿瘤被确诊之前就会出现疲乏的表现，也是肿瘤常规治疗过程中最常见的不良反应之一，如手术、化疗、放疗、免疫治疗等。这种疲乏不能通过常规的休息和睡眠得以缓解，增加了患者在疾病过程的症状负担，明显降低了患者的总体生活质量。NCCN 将疲乏定义为："一种痛苦而持续的主观感受，为肿瘤本身或抗肿瘤治疗所致的躯体、情感和 / 或认知上的疲乏或耗竭感，且与近期的活动量不符，并影响患者的日常功能。"与健康人出现的疲乏相比，肿瘤相关疲乏表现更加严重，带来的痛苦更加深刻，且通过常规的休息和睡眠并不能得到有效缓解。

疲乏是肿瘤临床最常见的症状之一。不同文献报道癌症相关疲乏的发生率在 29%~100%，且女性、年轻、失业以及伴有焦虑和 / 或抑郁明显的患者疲乏更加严重。疲乏的存在会对患者日常生活的各个方面造成严重的影响，大部分患者反映正常生活受阻，日常安排需要重新调整，参加社会活动出现困难，甚至工作岗位需要调整，增加了家属的照顾负担，且对患者的总体生活质量带来了严重的负面影响。CRF 的发生与放化疗、肿瘤本身进展以及多种协同因素如疼痛、贫血、焦虑、抑郁、睡眠紊乱等的存在密切相关。接受化疗、放疗的患者治疗期间疲乏发生概率为 80%~90%，其中 45% 患者为中 - 重度疲乏；超过 75% 的转移性肿瘤患者存在疲乏。

二、证据

(一)病因及病理生理

癌症相关的疲乏发病机理目前尚未完全清晰，不同系统的失调，包括生物医学方面和躯体因素都会引起疲乏，也有学者将这些因素分为中枢机制和外周机制：中枢性疲乏源于中枢神经系统功能改变，运动神经元兴奋性传导失败；而外周性疲乏源于肌肉和相关组织的协调性下降。Hampson 等认为持续的疲乏与大脑通路改变有关，包括大脑前额叶皮质、运动前区默认模式通路（default mode network，DMN）联结加强以及前额叶灰质量双侧减少等。大部分学者认为疲乏由多种因素引起，细胞因子失调，下丘脑 - 垂体 - 肾上腺轴功能紊乱，5- 羟色胺神经递质（5-HT）失调、昼夜节律被打乱，三磷酸腺苷（adenosine triphosphate，ATP）变化，骨骼肌萎缩，迷走神经传入激活等因素有关，但对于上述理论尚需更多循证医学研究证实。

（二）临床评估标准

2013 年 Pleun 等的一项随机对照研究对躯体症状进行监测和治疗后，患者的疲乏明显得到改善；干预组与对照组的区别在于系统的监测以及根据监测结果给予的治疗，而对照组仅接受常规治疗，研究结果说明系统监测为临床带来了积极效果。2015 年 Basch 等发表的一篇随机对照研究（n=766）显示，通过网络症状管理患者报告结局（patients reports outcome，PRO）（常见 12 个临床症状，包括对疲乏的管理）可以明显提高健康相关生活质量；该研究项目在 2017 年最新发表的文章中比较通过电子化 PRO 管理（包含疲乏在内的 12 项常见症状）与常规治疗对照组之间的生存时间，中位随访时间 7 年后结果显示干预组生存时间较长且数据有统计学差异（中位总生存时间为 31.2 个月和 26.0 个月，P=0.03），由此可见对患者症状进行管理不仅有利于提高患者的生活质量，同时还可能延长患者的生存时间，对于筛查的实施提供了循证医学证据支持；且鉴于疲乏在癌症患者中的高发生率以及给患者的各项功能和总体生活质量带来的影响，各指南专家达成共识，确认筛查在癌症相关疲乏管理中的重要性。CRF 程度的判断最常用 0~10

数字分级量表，1~3 分为轻度，4~6 分为中度，7~10 分为重度。

（三）临床治疗

疲乏的干预措施应首先考虑改善导致疲乏的潜在因素，如改善疼痛，焦虑、抑郁，睡眠紊乱等症状，纠正贫血，改善营养不良，调整加重疲乏的药物等。在此基础上针对疲乏主观症状给予综合干预，干预内容包括药物干预和非药物干预，而非药物干预主要分为：①一般处理；②躯体活动、锻炼；③教育和心理社会干预。在干预后需给予积极随访，及时评估治疗是否起作用并了解患者的需求。

1. 非药物治疗　系统回顾和 Meta 分析显示不同形式的活动可以帮助患者改善疲乏，但没有文献报道具体哪种活动形式与其他形式相比存在优势。一篇 Meta 分析文献提到活动项目持续时间对于疲乏缓解程度的影响，结果显示干预时间为 8 周对疲乏缓解比较明显，且有统计学意义。但时间长于 8 周疲乏缓解效果则不明显。一项纳入 133 项随机对照研究的系统分析显示，体能锻炼及心理干预等非药物手段疗效确切且优于药物干预。其他有效的非药物干预手段还包括瑜伽、按摩、针灸、营养咨询、睡眠行为认知治疗等。另一项 Meta 分析纳入 72 个随机对照研究共 5 367 例癌症患者，结果发现与对照组相比，体能锻炼对减轻疲乏有中等程度的效果（SMD=-0.45，95% *CI* -0.57~-0.32，$P<0.001$），同时改善的还有抑郁和睡眠紊乱，不同类型的锻炼效果无差异。体能锻炼目前无统一模式，通常建议每日 30 分钟中等程度锻炼，每周至少 3~5 小时。锻炼是个体化的，要根据患者的身体条件逐步递进，避免因锻炼而增加患者新的痛苦，有以下情况时锻炼要谨慎：①骨转移；

②血小板减少；③贫血；④发热或活动性感染；⑤由于转移或者其他共患疾病导致活动受限；⑥存在安全隐患，如跌倒风险高的患者。此类有风险的患者应推荐给康复专科医生处理。

Goedendorp 等发表的一篇系统综述纳入 27 项研究共计 33 324 例正在接受治疗的患者，大部分为乳腺癌患者。结果显示，纳入系统回顾的 5 项专门针对疲乏的心理干预的 RCT 研究中有 4 项效果显著，其中有 3 项 RCT 研究显示疲乏缓解可持续到随访阶段。心理社会干预可以通过让患者放松来减少应激以及 HPA 轴的激活，这是目前较为被认可的干预发挥作用的机制。Marieke 等于 2006 年发表的一篇 RCT 研究展示了针对疲乏设计的认知行为治疗（cognitive behavior therapy，CBT）可有效改善患者的疲乏严重程度和功能受损程度。

2. 药物治疗　一项关于疲乏药物治疗的 Cochrane 系统回顾纳入了 31 项随机对照研究（n=7 104），分析中枢兴奋剂（哌醋甲酯、莫达非尼），造血生长因子，抗抑郁药与安慰剂，常规治疗或者非药物治疗的方法。结果显示，哌醋甲酯在一部分小样本和一项大样本的 RCT 研究中与安慰剂对照是可以获益的，但大样本研究中显示仅具有较小的治疗效果，特别是对于进展期癌症患者。因此并不推荐哌醋甲酯的广泛使用，且将来尚需更多大样本 RCT 研究给予证实。莫达非尼也因为会引起明显的不良反应（如眩晕、恶心、呕吐）与安慰剂对比仅仅显示出微弱的治疗优势。同样，造血生长因子也由于明显的不良反应而未被指南列入常规治疗癌症相关疲乏的药物中。近期的一项系统回顾纳入 5 项 RCT 研究（n=498）显示，哌醋甲酯在延长治疗时间的情况下可以得到更好的治疗效果，倾向于中枢兴奋剂对疲乏的积极作用。Jean-Pierre 等的研究纳入 867 例化疗期间的癌症患者，把其随机分为莫达非尼干预组(200mg/d)和安慰剂组，结果显示莫达非尼对于严重疲乏有显著的改善作用，而对轻度或中度疲乏治疗作用较小。一项 RCT 显示两者结合与安慰剂对照可以明显改善前列腺癌患者疲乏的水平，但该结果尚不能完全归因于两药联合对疲乏的治疗，因为治疗获益可能来自于药物对肿瘤本身的作用。但目前多数研究结果显示典型的抗抑郁药(如 5- 羟色胺再摄取抑制剂)可以有效改善抑郁，但并不能缓解癌症相关的疲乏，疲乏患者伴有抑郁可考虑使用。安非他酮通过阻断去甲肾上腺素和多巴胺再摄取来达到抗抑郁的效果，对于低动力抑郁症患者有独特的优势，可以起到精神兴奋性作用，考虑其可能在癌症相关疲乏中有治疗作用，但目前仅有少数研究且多为开放实验得出此结论，获益效果较弱，所以临床应用尚需更多严谨设计的 RCT 研究来提供证据。

一项多中心随机双盲对照研究共纳入 364 例肿瘤患者，给予口服美国威斯康星西洋参及安慰剂，治疗组乏力改善，服用 8 周时有显著差异，且抗肿瘤治疗期间服用较治疗结束后服用效果更明显。国内一项随机对照研究(n=70)显示，人参养荣汤可改善晚期非小细胞肺癌、大肠癌化疗患者的疲乏症状，并可相应改善患者的一般活动情况、情绪、正常工作、享受生活及行走能力，对于患者总体生活质量、躯体功能及呼吸困难情况也有较明显改善。国内另有一项随机对照研究(n=84)显示，与单纯化疗组相比，化疗联合养正消积胶囊能够改善恶性肿瘤患者化疗期的癌因性疲乏。最近发表的一项观察性研究（n=72）显示正元胶囊能明显减轻癌因性疲乏患者的疲乏程度、提高生活质量。此外，也有研究报道参芪口服液、复方阿胶浆等中药也有益于减轻癌因性疲乏，但目前中成药研究存在的问题是缺乏大样本随机对照研究，研究报告不符合国际规范，因此证据等级较低。

中医药包括按摩、针灸等对 CRF 疗效确切。一项系统综述纳入 18 项随机对照研究共 950 例乳腺癌患者，规律接受按摩的患者负性情绪和疲乏得到改善。目前按摩的时间和频次没有统一规定，远期疗效尚不确定。针灸及经皮穴位电刺激对疲乏有效，但受制于样本量较少，证据级别较低。

癌症晚期心理社会干预对改善疲乏疗效的证据不足，为数不多的研究显示能降低抑郁、提高生活质量，主要采用的方法是意义治疗和尊严治疗。体能运动对改善终末期肿瘤患者疲乏缺乏随机大样本对照研究，近期一项系统综述证实体能运动有助于改善晚期癌症患者乏力，可提高生活质量。

三、推荐意见

1. 推荐在肿瘤病程中定期评估患者的疲乏，尤其在关键节点（强烈推荐，高质量证据）。

2. 快速评估推荐使用 0~10 评分工具，综合评估包括病史、体格检查、实验室检查、伴发疾病及伴随症状（强烈推荐，高质量证据）。

3. 对 CRF 提供心理社会支持的基本原则如下。

（1）根据 0~10 分评估结果（1~3 分为轻度；4~6 分为中

度，7~10分为重度）提供支持（强烈推荐，高质量证据）。

（2）针对伴发疾病及伴随症状的干预，如失眠、焦虑和抑郁、疼痛、贫血、营养不良等的干预（强烈推荐，高质量证据）。

（3）推荐使用非药物干预方法提供支持，如患者教育、运动、心理社会干预等（强烈推荐，高质量证据）。

（4）药物治疗不作为首选，评估患者躯体状况及药物风险后可尝试中枢兴奋剂、抗抑郁药、含人参类保健品及中药等（如养正消积胶囊、正元胶囊、西洋参、人参养荣汤等）治疗（推荐，中、低质量证据）。

第八节 预期性恶心呕吐

一、背景

预期性恶心呕吐（anticipatory nausea and vomiting，ANV）是一种常见的癌症化疗的不良反应，是化疗引起的恶心呕吐中一种比较特殊的类型，其定义为："患者已经历两个以上周期化疗，在下一次化疗药物使用前即开始发生的恶心呕吐。" ANV 的特点是会被一些与化疗相关的环境因素诱发，如闻到医院的味道，看到装有化疗药物的治疗车，听到化疗药物的名称，甚至看到化疗期间为自己输液的护理人员都会出现恶心呕吐的反应。一旦发生 ANV，常规的镇吐治疗，如 5-HT_3 拮抗剂昂丹司琼几乎起不到缓解作用。国内外最新文献报道，预期性恶心的发生率为8.3%~13.8%，预期性呕吐的发生率为1.5%~2.3%。

二、证据

(一)病因

条件反射假说可以部分解释 ANV 发生的原因。很多患者在接受化疗后都会发生恶心呕吐,因此化疗药物是导致患者发生恶心呕吐的非条件刺激。而患者化疗时所处的环境(包括护士,病房、治疗室的一些细节,化疗药的名称等)原本属于中性刺激,但因反复与导致恶心呕吐的化疗药物同时出现便会建立起条件反射,成为诱导恶心呕吐的条件刺激,使患者发生 AVN。化疗后恶心呕吐控制越不好的患者越容易发展成 ANV。另外,随着化疗周期的增加,ANV 的发生率也会增加,这两点均符合经典条件反射的理论。除了经典条件反射理论,研究发现化疗前焦虑和前一次化疗后恶心呕吐的严重程度也是 ANV 发生的预测因素。

有研究发现年轻、女性、患有晕动症、自主神经反应性高等也是预期性恶心呕吐的危险因素。2014 年 Kamen 等在一篇关于预期性恶心呕吐的综述中罗列了目前所知的与 ANV 相关的人口统计学因素及治疗相关性因素,包括:①年龄小于 50 岁;②女性;③容易晕车;④自主神经反应性高;⑤怀孕期间晨起呕吐;⑥前一个疗程化疗结束后出现恶心呕吐 / 感到浑身发暖或发热 / 容易出汗 / 全身乏力;⑦注入化疗药的过程中紧接着出现恶心。

最近有研究关注了患者对于症状发生的信念与 ANV 发生的关系,形成了一个 ANV 发生的患者信念模型。在这一模型中,当患者对医护人员诉说对治疗的恐惧和期望时,医护人员以告知患者治疗不良反应的方式做出回应,医患之间的这种沟通在患者“反应性预期(response expectancies)”

形成的过程中起到了非常关键的作用。Roscoe 等对 194 例采用多柔比星方案化疗的乳腺癌患者进行研究发现，那些相信自己“非常有可能”发生严重恶心的患者发生严重恶心的比例是那些相信自己“非常不可能”发生的患者的5倍，这种反应性预期在 ANV 发生中所起的预测作用甚至超过药物本身的致吐性、患者年龄、性别等其他预测因素。

（二）评估

2017 年加拿大的研究者们通过一项大样本（n=1 198）前瞻性研究制定出了一套化疗引起恶心呕吐（CINV）的风险评估算法（0~32 分）。但目前还没有针对 ANV 的风险预测工具或评估工具。

（三）干预

1. 药物治疗　有前瞻性随机对照研究证实苯二氮䓬类药物，如阿普唑仑、地西泮、劳拉西泮能够预防 ANV 的发生。2016 年更新版《接受化疗的成人和儿童的预期性恶心呕吐 MASCC/ESMO 共识》中也推荐使用苯二氮䓬类药物来减少 ANV 的发生。

大样本（n=380）随机双盲安慰剂对照研究显示，对于接受高致吐性化疗药物治疗的患者，首次化疗第 1 天到第 4 天给予患者奥氮平每天 10mg 能够显著降低恶心的发生率，且没有患者因为不耐受奥氮平的不良反应而退出研究。最近发表的两篇系统综述显示，奥氮平在预防化疗引起的恶心呕吐方面要优于其他镇吐药物，在剂量方面每天 5mg 与 10mg 未显示出明显的效果差异，而为了降低药物不良反应，推荐使用 5mg。

2. 非药物干预　系统脱敏最早是用来治疗恐惧症的，而 ANV 的发生机制与表现特征与恐惧症有很多相似之处，有随机对照研究证明系统脱敏能也广泛地被用于缓解ANV。系统脱敏疗法中会使用到渐进性肌肉放松训练以及引导想象的技术，有研究证明单纯使用放松训练也可以达到缓解ANV的目的。使用系统脱敏疗法治疗ANV需要三个步骤。第一，找出所有引发患者出现恶心呕吐的事件，并对这些事件按引发恶心呕吐的严重程度，从轻到重排好顺序。第二，渐进性肌肉放松训练，一般需要多次练习，直到患者能熟练掌握，通过有步骤的放松达到全身肌肉松弛的效果。第三，系统脱敏练习。①想象脱敏训练：先让患者全身放松，然后想象着某一等级（从低级到高级）的刺激事件（如药水的颜色、病房的味道）等，当想象清晰患者开始感到恶心时，停止想象并全身放松，反复重复以上过程，直到患者不再对现象中的刺激物产生恶心的感觉即可进入现实脱敏阶段。②依然是从低级到高级让患者依次接触会引发恶心呕吐的刺激事件，当有恶心呕吐反应时进行全身放松，到患者不再对刺激物产生恶心呕吐反应为止。

催眠疗法是最早的用于治疗ANV的心理治疗方法。催眠疗法首先是运用一定的技术使患者达到一种特殊的意识状态，然后通过暗示性的语言，帮助患者消除躯体或心理症状。2007年的一篇系统性综述报告了催眠能够显著缓解化疗引起的恶心呕吐。目前催眠疗法预防ANV的作用尚缺乏大样本的随机对照研究。目前催眠疗法常常被用于儿童和青少年患者，因为青少年更易于被催眠。

生物反馈疗法主要是利用现代生理科学仪器，通过人体内生理或病理信息的自身反馈，使患者在经过训练后，能有意识地控制自己身体的一些生理活动（如呼吸、心率、血压、胃肠道活动等)，从而消除病理过程、恢复身心健康。利用生物反馈来缓解 ANV，主要是通过让患者达到一种放松状态来实现的。

目前 ANV 干预的证据等级比较高的研究基本来自国外，国内关于肿瘤化疗患者 ANV 研究的证据等级还比较低，大部分研究缺乏对随机方法的详细描述，所有研究都未涉及盲法、随访及意向性分析。

三、推荐意见

1. 预防预期性恶心呕吐最好的方法是最大限度地控制急性和延迟性恶心呕吐(强烈推荐，高质量证据)。

2. 推荐使用苯二氮䓬类药物降低预期性恶心呕吐的发生率(强烈推荐，高质量证据)。

3. 对于接受高致吐性化疗的患者，推荐使用奥氮平预防预期性恶心呕吐的发生(强烈推荐，高质量证据)。

4. 对于接受高致吐性化疗的患者，尤其是伴有抑郁情绪的患者可联合使用氟哌噻吨美利曲辛片(推荐，中等质量证据)。

5. 行为治疗，特别是渐进性肌肉放松训练、系统脱敏、催眠可能被用于治疗预期性恶心呕吐(推荐，中等质量证据)。

第九节　厌食及恶病质

一、背景

厌食和恶病质是晚期恶性肿瘤患者的常见症状。厌食和恶病质会影响患者的治疗、增加治疗不良反应，降低患者的生活质量。恶病质严重影响患者的生活质量，缩短患者生存期，影响抗癌治疗的疗效，增加医疗费用，甚至直接造成至少 20% 恶性肿瘤患者的死亡。

厌食（anorexia）是指因食欲下降或消失，导致进食量下降和体重降低，是晚期恶性肿瘤患者的常见症状。恶病质（cachexia）是指进行性发展的骨骼肌量减少（伴有或不伴脂肪量减少），常规营养支持治疗无法完全逆转，最终导致进行性功能障碍的一种多因素作用的综合征。厌食和恶病质常同时出现，临床上也统称为恶性肿瘤厌食恶病质综合征（cancer anorexia cachexia syndrome，CACS）。CACS 具有病因病理机制复杂、发病率高、危害大的特点，以恶性肿瘤患者食物摄入减少、异常高代谢导致的负氮平衡及负能量平衡为病理生理特征。

50% 新诊断的恶性肿瘤患者存在厌食，70% 晚期患者存在厌食。CACS 困扰着至少 50%~80% 的恶性肿瘤患者，尤其常见于上消化道肿瘤，在胃癌、胰腺癌和食管癌中占 80%，在头颈部癌中占 70%，在肺癌、结直肠和前列腺癌中占 60%。恶性肿瘤恶病质的总发生率在临终前 1~2 周可达 86%。在整个疾病过程中，45% 的患者丢失 10% 以上的体重。

二、证据

（一）诊断依据

根据 2011 年欧洲缓和医疗研究协作组发布的国际专家共识提出了恶性肿瘤恶病质的诊断标准：①无节食条件下，6 个月体重下降＞ 5%；②体质指数（BMI）＜ $20kg/m^2$

及体重下降＞2%；③四肢骨骼肌指数符合肌肉减少症（男性＜7.26kg/m^2；女性＜5.45kg/m^2）及体重下降＞2%。

（二）评估工具

恶病质的全面评估应包括三方面内容：①身体成分：可以通过计算机断层扫描、磁共振、双能X线吸收法或生物电阻抗分析法来评估身体成分。②生活质量：可以采用生活质量评估量表。③生理功能：包括体能状况；手握力测定；起立行走计时测定；6分钟步行测试；体动记录。其中握力是评价肌力的重要指标，握力可有效应用于营养评估，一般以kg为单位，国际标准测量握力的工具是Jamar握力器。

（三）干预

对于厌食和恶病质患者应根据预期生存期的不同，给予不同的治疗指导，推荐早期和多模式干预。临床常采用个体化多学科综合治疗模式，在针对可控病因进行治疗的基础上，给予营养治疗、药物干预，还可以给予健康宣教、心理治疗等。

1. 病因治疗　首先评估并确定导致患者厌食的原因，在明确患者厌食的原因后，针对可逆性原因进行治疗。疼痛、肿瘤治疗引起的恶心呕吐、疲乏等均会导致患者出现厌食，应积极控制疼痛，改善因放化疗引起的恶心呕吐，改善疲乏等。评估患者是否伴有口腔问题，如口腔溃疡、口腔念珠菌感染，给予对症治疗。抑郁的患者会出现食欲减退，应转诊到精神科或请精神科医生会诊，若符合抑郁诊断标准应给予抗抑郁治疗。

2. 药物治疗　主要包括孕激素、糖皮质激素；还包括精神科药物米氮平、奥氮平和喹硫平。

(1)孕激素：是治疗恶性肿瘤厌食和恶病质的一线药物。醋酸甲地孕酮是研究最广泛的黄体酮制剂。系统性综述指出醋酸甲地孕酮与安慰剂相比可通过增强食欲和增加体重治疗恶性肿瘤恶病质，但大剂量应用醋酸甲地孕酮时，会造成呼吸困难、水肿、尿失禁、血栓栓塞性疾病等副反应增加，导致死亡率增加，因此使用孕激素时应权衡利弊，应充分告知患者可能的严重副反应，且应该从低剂量起始，并监测效果。

(2)糖皮质激素：包括地塞米松、甲泼尼龙、泼尼松。长期使用糖皮质激素会导致一系列并发症，如库欣综合征、高血糖、肾上腺功能不全、感染、骨质疏松和精神症状(如焦虑和抑郁)，故推荐短期使用糖皮质激素。近期一项随机对照研究显示与安慰剂组相比，晚期恶性肿瘤患者接受地塞米松治疗(4mg，每日两次)两周后，疲劳和厌食症状明显改善，而不良反应无显著差异。

(3)米氮平：可以改善恶性肿瘤患者的很多症状，包括抑郁、皮肤瘙痒、厌食、失眠和恶心，常见的副反应包括口干、日间困倦和便秘。米氮平的药物相互作用较少，但要避免联合使用可增加 5- 羟色胺综合征风险的药物。加拿大一项Ⅱ期研究表明，米氮平可以改善恶性肿瘤恶病质患者的食欲和体重，该研究纳入 17 例非抑郁 CACS 患者，接受了为期 8 周的米氮平(15~30mg/d)治疗，17 例患者中有 4 例体重增加 1kg 或更多，24% 的患者食欲改善，6% 的患者生活质量改善。

(4)奥氮平：鉴于奥氮平良好的预防和治疗恶心呕吐的作用，被推荐用于治疗恶性肿瘤恶病质，改善患者的恶心症状，增加食欲。奥氮平的不良反应包括短期的轻度镇静、体重增加，持续使用6个月以上患糖尿病的风险会增加。美国一项随机对照研究表明，奥氮平可减轻恶性肿瘤厌食的严重程度和增加非液体性增重，与醋酸甲地孕酮联合使用时可以增加醋酸甲地孕酮的疗效。该研究中80例厌食且体重下降的晚期胃肠道恶性肿瘤或肺癌患者，被随机分配至醋酸甲地孕酮单药治疗组（800mg/d）或醋酸甲地孕酮（800mg/d）联合奥氮平（5mg/d）治疗组，为期8周，结果发现在接受联合治疗的患者中食欲改善的比例显著增加。

（5）喹硫平：有研究关注低剂量喹硫平（25~200mg/d）治疗失眠的安全性，通过回顾性研究和案例报告显示，低剂量喹硫平常见的副反应包括困倦、口干、体重显著增加，严重的副反应包括肝毒性、不宁腿综合征、静坐不能。鉴于喹硫平有增加体重的作用，因此临床上也用喹硫平来改善厌食患者的体重下降，但目前缺乏喹硫平改善厌食的研究证据，尚须进一步的研究证实。

3. 非药物治疗

（1）饮食咨询和饮食调节：系统综述表明，饮食咨询和调节可以改善进展期恶性肿瘤患者的营养摄入和增加体重，减少厌食的发生，提高生活质量，但没有足够证据支持饮食咨询和调节能够改善恶病质患者的体重和能量平衡。

（2）营养治疗：一项随机对照研究显示，营养治疗可以改善恶性肿瘤恶病质患者的能量和蛋白摄入，但对生活质量无改善。另一项随机对照研究显示，营养治疗联合锻炼（每周2次，每次1小时）可以改善恶性肿瘤缓和医疗患者的蛋白摄入，减轻恶心呕吐症状，对生活质量无改善。

（3）心理治疗：一篇系统综述显示，影响恶性肿瘤恶病质患者心理状态的主要因素包括对恶性肿瘤恶病质不可逆转的本质缺乏认识，以及通过营养治疗增加体重的尝试失败；患者和照顾者应对策略的不同会影响恶病质的心理社会效应，早期识别这些心理社会效应有助于患者通过心理社会干预改善生活质量。一篇综述显示，对恶性肿瘤恶病质患者提供支持性干预时，医护人员应告知患者及家属恶病质的全面影响，应采用心理社会、教育和沟通策略来帮助患者和照顾者应对恶病质。

三、推荐意见

1. 推荐使用孕激素、糖皮质激素改善恶性肿瘤患者厌食和恶病质情况（强烈推荐，高质量证据）。

2. 推荐使用米氮平改善恶性肿瘤恶病质患者的食欲和体重（弱推荐，低质量证据）。

3. 推荐使用奥氮平改善恶性肿瘤患者的厌食情况（强烈推荐，高质量证据）。

4. 推荐使用喹硫平改善恶性肿瘤患者的厌食情况（弱推荐，低质量证据）。

5. 推荐使用饮食咨询和调节、营养治疗改善恶性肿瘤患者厌食和恶病质患者的营养摄入（强烈推荐，中等质量证据）。

6. 推荐使用心理治疗改善恶性肿瘤患者厌食和恶病质情况（强烈推荐，中等质量证据）。

第九章

晚期癌症患者的缓和医疗和安宁疗护

第一节　缓和医疗概述及其意义

一、背景

“palliative care”在我国曾译为“姑息治疗”，近年来专家学者认为“缓和医疗”更贴近其本意。2017 年在北京举办的首届缓和医疗（安宁疗护）国际高峰论坛上首次正式提倡用“缓和医疗”作为“palliative care”的中文翻译，但目前国内还有不少专家学者以及书籍文献中沿用“姑息治疗”这一名词，因此在本书中“姑息治疗”与“缓和医疗”会存在混用的情况，都代表英文的“palliative care”一词。美国国立综合癌症网络（NCCN）对缓和医疗的定义为：“一种以患者、家属、照料者为中心的照护体系，该体系关注患者痛苦症状的管理，并根据患者、家属、照料者的需求、理念、信仰、文化背景将心理社会照护（psychosocial care）和灵性照护、精神关怀（spiritual care）整合其中。”缓和医疗的目标是通过预见、防止、减少痛苦来支持患者、家属、照料者获得最佳生活质量，适用于疾病的全程，并与其他治疗相辅相成。在疾病后期难以延长生存时，缓和医疗应成为主要的治疗，此阶段（预期生存 3~6 个月）的缓和医疗又称为安宁疗护（hospice care）或临终关怀。

二、证据

随着全球肿瘤发病率的持续上升，抗肿瘤治疗的发展以及肿瘤生存者增多，肿瘤患者将面临多种伴随症状带来的痛苦。一项大型的观察性队列研究显示超过 1/3 肿瘤患者在生命的最后数周会经历严重的症状（疼痛、恶心、焦虑、抑郁、气短、嗜睡、食欲缺乏、疲乏、幸福感缺失）。

缓和医疗能够减轻躯体及心理症状负荷、改善患者生活质量、提高善终比例，减轻照料者负担，部分患者甚至延长了生存。缓和医疗开始越早，患者获益越大。研究显示，缓和医疗对抑郁、照料满意度等心理社会指标也有改善。

部分研究显示，缓和和支持治疗还有助于改善生存质量。ENABLEIII 研究显示，早期启动缓和医疗的晚期肿瘤患者，1 年生存率高于延迟启动的患者（63% 和 48%，P=0.038）。一项 Meta 分析比较了接受专业缓和医疗照护和常规照护的门诊晚期肿瘤患者，发现接受缓和医疗照护患者 1 年生存率提高 14%（n=646；56% 和 42%，P＜0.001），中位生存时间有 4.56 个月的获益。

缓和医疗有助于生命末期的患者更准确地了解预后，减少临终无效和激进治疗的比例。实施缓和医疗的患者由于居家照护增多、住院及抢救比例降低，在改善生活质量的同时也节省了开支。美国的研究发现，对比单纯抗肿瘤治疗，缓和医疗＋抗肿瘤治疗的人均费用反而节省了

14%~22%，折合4 885~8 600美元/人。

安宁疗护、临终关怀是针对预后不足6个月的患者建立的治疗模式。多项研究表明，接受临终关怀的肿瘤患者，有创救治和治疗费用都会少于没有接受安宁疗护的患者。但即便在缓和医疗发达的欧美国家，缓和医疗和安宁疗护的利用率仍存在不足的情况。基于多项研究证实肿瘤患者受益于缓和医疗，ASCO在2012年即倡议缓和医疗应成为肿瘤综合治疗的重要组成部分。

目前没有统一的缓和医疗和安宁疗护模式。基本一致的意见是由跨专业的缓和医疗团队在肿瘤诊断初始即开始给予缓和医疗干预。

缓和医疗的框架和流程包括筛查、评估、干预、再评估、转诊评估以及居丧照护。肿瘤患者基本的缓和医疗可由肿瘤团队成员来完成。对所有肿瘤患者的每一次就诊都应进行缓和医疗筛查，筛查内容包括：躯体症状、心理社会状况、是否为晚期肿瘤、有无不良预后、患者和家属对缓和医疗的需求等。筛查发现有缓和医疗需求的患者应进一步评估，评估内容包括：抗肿瘤治疗的风险和获益、躯体-心理-社会-灵性痛苦、患者的个人目标、宣教和知情需求、影响照护的文化背景因素等。干预前，团队成员应基于筛查和评估的结果与患者及家属、照料者进行充分沟通，提供与患者目标相一致的抗肿瘤治疗及疾病相关的症状管理，对于更加复杂的身、心、社、灵问题应与姑息治疗团队成员以协作的方式来处理。干预后需要再评估，对干预难以达到满意疗效的患者以及需要临终关怀的患者，应转诊至专门的缓和医疗团队和安宁疗护机构。

《NCCN缓和医疗指南》按照肿瘤的生存预期实施策略

性的缓和医疗，分别为：预期生存数月至数年；数周至数月（安宁疗护）；数日至数周；濒死干预；居丧期关怀等。

尽管缓和医疗和安宁疗护有基本的框架和流程，但对于每一位患者而言，其缓和医疗的需求不同且动态变化，因此强调要采取以患者为中心的个体化照护。

三、推荐意见

1. 对所有肿瘤患者，都应筛查有无缓和医疗需求（强烈推荐，中等质量证据）。

2. 缓和医疗应成为肿瘤患者综合治疗的重要组成部分，并且在肿瘤诊断的初期就应介入，与积极的抗肿瘤治疗同步实施（强烈推荐，中等质量证据）。

3. 缓和医疗应该由肿瘤专科和跨专业的姑息治疗团队协同实施（强烈推荐，中等质量证据）。

第二节　姑息性抗肿瘤治疗及症状管理

一、姑息性抗肿瘤治疗

（一）背景

晚期肿瘤患者抗肿瘤治疗是姑息性质的，通过抗肿瘤治疗可以缓解肿瘤相关症状，改善生活质量，延长生存时间。在抗肿瘤治疗开始前需要评估抗肿瘤治疗的利弊，根据肿瘤的自然病程、抗肿瘤治疗的疗效、副反应、耐受性、患方的愿望和目标决定是否给予抗肿瘤治疗。当疾病进展至生命末期，抗肿瘤治疗的临床证据不足，预期生存为 3~6

个月的患者应该由抗肿瘤治疗过渡至支持及临终关怀为主的治疗。

（二）证据

预期生存数月至数年的患者，多数能够从姑息性化疗、放疗、靶向治疗、免疫治疗中获益。在抗肿瘤治疗的同时应积极预防和治疗副反应。多项研究表明，在抗肿瘤治疗的同时给予姑息支持治疗对比单纯的抗肿瘤治疗更能够延长生存，提高生活质量，减轻照料者负担。

预期生存小于6个月的患者，难以从挽救化疗中获益。一项纵向队列研究评价了挽救化疗对临近死亡的患者生活质量的影响，挽救化疗不仅没能改善体能评分中等或较差患者的生活质量，反而还降低了体能评分较好患者的生活质量。此阶段应该将照护的重心转移至保持生活质量上来，启动以目标为导向的支持治疗。

患者对疾病的客观认识，是做出合理选择的前提，因此，与之沟通病情和预后以及治疗的结局是非常重要的。一项中等质量的前瞻性队列研究显示，在1 193例晚期结直肠癌和肺癌患者中，69%肺癌患者和81%结直肠癌患者对化疗抱有不切实际的期望，此种情况下会做出错误的“治愈性治疗”的选择。

（三）推荐意见

1. 晚期肿瘤患者的抗肿瘤治疗应该基于目前的循证医学证据来实施（强烈推荐，高质量证据）。

2. 在抗肿瘤治疗的同时应给予积极的缓和医疗（强烈推荐，中等质量证据）。

3. 预期生存数周至数月的患者，应从抗肿瘤治疗逐步过渡至缓和医疗和临终关怀（强烈推荐，低质量证据）。

4. 晚期肿瘤患者都应充分沟通预后、抗肿瘤治疗的利弊、抗肿瘤治疗的目的（强烈推荐，低质量证据）。

二、常见症状管理

美国医政局中心的症状评估专家确定了显著影响肿瘤患者生活质量的 12 个核心症状，包括厌食、焦虑、便秘、抑郁、腹泻、呼吸困难、疲乏、失眠、恶心、疼痛、神经病变、呕吐。进一步纳入 3 106 例患者的定性研究提示，罹患乳腺癌、结肠癌、前列腺癌、肺癌的患者，随疾病的进展和体能评分下降，同时存在多种上述核心症状的比例增多，程度加重，美国东部肿瘤协作组功能状态（eastern cooperative oncology group performance status，ECOG PS）=2~4 分的患者排名前 5 位的症状依次为：疲乏、睡眠紊乱、疼痛、食欲下降、口干。另有回顾性研究及前瞻性队列研究发现，随着死亡的临近，患者的功能状况、生活质量会恶化，疼痛、恶心、焦虑、抑郁在临终前 6 个月可能相对稳定，但食欲下降、呼吸困难、疲乏、总体健康状况却会逐步恶化。该阶段患者应考虑终止抗肿瘤治疗，以缓解症状、提高生活质量的缓和医疗为主。在发达国家，临终关怀是此阶段的主要缓和医疗模式。

（一）疼痛

1. 背景　疼痛是癌症患者最常见症状之一。转移性肿瘤或者终末阶段患者 64% 存在癌痛。超过 1/3 患者疼痛严重影响了日常生活，40% 以上的癌痛患者没有得到充分镇痛。疼痛不仅给患者带来躯体痛苦，还带来心理社会痛苦，严重影响患者的功能状态和生活质量，甚至对预后产生不良影响。

WHO 在 1986 年系统提出了“三阶梯”止痛方案并指出：止痛药物与抗肿瘤治疗、心理及康复治疗合理搭配，能够有效缓解 80%~90% 的癌痛。

2. 证据　在实施镇痛前，应行癌痛评估。评估内容包括疼痛的病因和机制，有无疼痛综合征，疼痛强度，特点，加重和减轻的因素，疼痛对日常生活及功能、心理社会的影响，疼痛控制的程度，患者对镇痛治疗的期望，体格检查，影像和实验室检查结果等。

对于数字分级法（numeric rating scales，NRS）1~3 分者，一项具有高质量证据级别的 Meta 分析纳入 25 个随机对照研究，共涉及 1 545 例癌痛患者，结果显示对乙酰氨基酚或其他 NSAIDs 药物可有效缓解轻度癌痛，不同 NSAIDs 药物之间疗效无差异。使用对乙酰氨基酚及其他 NSAIDs 类药物要注意肝肾毒性、胃肠道出血、凝血功能障碍、心脏毒性等，若长期使用，应动态监测不良反应。

中度疼痛常用弱阿片类药物及低剂量强阿片类药物，但有证据显示低剂量强阿片类药物疗效优于弱阿片类药物。对于中 - 重度疼痛，口服吗啡是首选治疗，这主要基于其性价比及使用方便性考虑。其他常用的强阿片类药物包括羟考酮、芬太尼、氢吗啡酮、美沙酮等。上述药物与吗啡疗效无明显差异，可作为在口服吗啡不适合或者副反应不能耐受时的替代。对于中、重度急性或慢性疼痛的初治患者，应该进行阿片药物的滴定，滴定满意的患者应转换为缓释阿片类药物维持治疗。

经过规范的镇痛治疗，多数癌痛患者（80%~90%）能够获得有效的疼痛控制。对于疼痛控制不满意者，可以采取如下措施：①阿片类药物联用非阿片类镇痛药（对乙酰氨基酚或其他 NSAIDs 药物）或者辅助镇痛药物（抗抑郁药、抗惊厥药、局部麻醉剂、糖皮质激素等）；②对可能存在的疼痛综合征进行针对性干预，如骨转移疼痛采取放疗；③采用非药物干预来辅助镇痛；④采取自控镇痛、鞘内给药或其他神经阻滞或毁损的局部介入手段（尤其适于运动相关的突发疼痛）；⑤阿片药物的转换；⑥请疼痛专科医生会诊。

便秘是阿片类药物最常见的不良反应，容易持续存在，患者应预防性口服缓泻剂，对于顽固性便秘，可以考虑甲基纳曲酮治疗。其他常见阿片相关副反应还包括恶心、呕吐、头晕、瘙痒、谵妄，以及相对少见的呼吸抑制和镇静等，均应给予关注和处理。

癌痛与心理社会痛苦密切相关，心理社会痛苦会加重癌痛感受，因此，所有癌痛患者都要给予心理社会方面的照护，要纠正患者对成瘾和耐受的担心，积极主动配合癌痛的治疗。

对于濒死阶段的患者（预期数日内死亡），如果一定剂量的阿片类药物才能达到满意的镇痛和缓解呼吸困难时，不要单纯因为血压、呼吸频率下降、或者意识状态下降而减量阿片剂量。濒死患者的难治性癌痛还可以考虑镇静治疗。（具体见第九章第三节：生命末期照护）

3. 推荐意见

（1）临床医师应该对所有癌症患者都进行癌痛的筛查和评估（强烈推荐，中等质量证据）。

（2）我们推荐 WHO 三阶梯镇痛作为癌痛治疗的基本原则（强烈推荐，高质量证据）。

（3）应对难治性癌痛的措施包括：联合非阿片类镇痛药及辅助镇痛药物；联合非药物干预手段；采取自控镇痛、

鞘内给药或其他神经阻滞或毁损的局部介入手段；阿片药物转换；必要时请疼痛专科医生会诊（强烈推荐，中等质量证据）。

（4）所有阿片类药物镇痛的患者应常规预防性口服缓泻剂；发生便秘常规治疗效果不佳的患者可以考虑甲基纳曲酮缓解便秘（强烈推荐，高质量证据）。

（5）癌痛与心理社会痛苦密切相关，我们推荐所有癌痛患者都要给予心理社会方面的照护（强烈推荐，中等质量证据）。

（6）更多具体内容可参考《NCCN 成人癌痛指南》《ESOMO 癌痛指南》《癌痛诊疗规范》《难治性癌痛专家共识》。

（二）呼吸困难

1. 背景　呼吸困难（dyspnea）是晚期肿瘤患者最常见的症状之一。美国胸科协会定义呼吸困难为："一种主观感受到的呼吸不适症状，包括各种性质不同的感觉，并有强度的变化。"70% 的晚期癌症患者可出现呼吸困难，90% 的肺癌患者在死亡前有呼吸困难的症状。呼吸困难可由多种病因引起，对所有呼吸困难的患者要进行综合评估，评估症状强度，分析病因。

2. 证据　首先应针对一些潜在可逆性因素和共病采取针对性治疗。如抗肿瘤治疗，抗感染治疗，针对慢性阻塞性肺病的治疗，上腔静脉压迫或肿瘤压迫气道引起梗阻的姑息性放疗，胸腔、腹腔、心包积液时给予穿刺置管引流及利尿治疗，肺动脉栓塞的抗凝治疗，纠正贫血、焦虑、抑郁等协同因素。

常规处理未能奏效的患者，可考虑药物治疗，但药物治疗缺乏高级别证据。吗啡对缓解终末期呼吸困难结论较为明确，一项系统分析纳入 3 项吗啡对晚期肿瘤患者呼吸困难缓解的随机双盲对照研究，共 69 例晚期肺癌或者肺转移癌患者，采取皮下注射吗啡为主的干预，治疗时间为数小时至数日，结果表明 10~20mg/24h 吗啡可以有效缓解 50%~80% 患者主观呼吸困难感受（视觉模拟评分 VAS），且未发现有额外的呼吸抑制及过度镇静。不同途径给予芬太尼及羟考酮也能缓解呼吸困难，但研究的证据级别较低且存在不一致。对于阿片初治者出现呼吸困难，可即刻口服吗啡 2.5~10mg，每两小时一次，或者 1~3mg 静脉推注，每两小时一次。如果是阿片耐受者，可在前者基础上增加 25% 吗啡剂量。

其余临床常用于缓解呼吸困难的药物还有苯二氮䓬类镇静药、速尿类、地塞米松等，这些药物单独使用疗效欠佳，可分别在合并焦虑、水肿、气道痉挛等情况时选择性运用。需要注意苯二氮䓬类药物与阿片类联合应用有增加呼吸抑制的风险。对于过多分泌导致的呼吸困难可用东莨菪碱、山莨菪碱、阿托品、格隆溴胺等抗胆碱药物治疗。

非药物干预措施包括手持风扇直接对面部吹风、调低室内温度、室内通风、氧疗和限定时间尝试无创通气。对于合并低氧血症的患者，各种形式的氧疗有助于缓解呼吸困难，无创机械通气对合并低氧血症和高碳酸血症更为有效，但也有部分患者（11%）因无法耐受面罩而终止治疗。对于无低氧血症的患者，氧疗并未带来明确获益，不推荐常规使用。

临终患者可通过吗啡、抗胆碱能药物降低水负荷、减少甚至终止肠内外营养，给予手持电扇、室内通风等简单方式缓解呼吸困难，比用氧疗及无创机械通气的方式负担更小。

濒死阶段患者呼吸困难的处理要与家属沟通治疗的意愿及可能达到的目标，患者还可能会出现临终痰鸣、喉鸣，会给患者及家属带来心理痛苦，给予抑制分泌的治疗会有更好疗效，对顽固性呼吸困难还可以考虑姑息镇静治疗（具体见第九章第三节：生命末期照护）。

3. 推荐意见

（1）我们推荐晚期肿瘤患者的呼吸困难首先针对各种潜在病因及可逆性因素进行治疗（强烈推荐，中等质量证据）。

（2）病因治疗无效或者疗效欠佳的患者可增加药物治疗，我们推荐吗啡作为缓解呼吸困难症状的首选治疗用药（强烈推荐，中等质量证据）。

（3）合并低氧血症的呼吸困难患者，临床医师可以考虑多种形式的氧疗，无低氧血症的患者，不建议氧疗（强烈推荐，低质量证据）。

（4）室内通风，手持风扇对面部吹风也是改善呼吸困难的有效方式（强烈推荐，低质量证据）。

（三）厌食、恶病质

1. 背景　50%~80% 晚期癌症患者会发生恶病质，恶病质主要由于厌食引起，其特点是肌肉（包括骨骼肌和内脏平滑肌）和脂肪的进行性丢失。恶病质降低了抗肿瘤治疗耐受性及有效率，严重影响体力状态，降低生活质量，对患者本人及家属带来躯体和心理痛苦，是预后不良的独立影响因素。

2. 证据　所有肿瘤患者都应筛查营养不良风险，评估营养状态。较为常用的营养筛查工具为 NRS 2002，肿瘤患者的营养评估工具为PG-SGA。

（1）病因治疗：当存在厌食、进食减少、体重下降时，首先分析和纠正影响进食的因素和症状，常见原因有中-高致吐性化疗及放疗、疼痛、便秘、呼吸困难、黏膜炎症及真菌感染、味觉改变、消化道梗阻、意识障碍等；阿片类药物、镇静药物以及抗精神病药物引起的食欲下降及恶心、呕吐等；高钙血症、甲状腺功能低下等内分泌和代谢紊乱。

患者的预期生存及营养干预对生活质量的改善作用是决定是否给予营养干预的主要因素。一项系统综述和Meta分析纳入13项随机对照研究，结果提示营养干预能提升生活质量，包括改善情绪、呼吸困难和饥饿感，但对生存无改善。通常满足以下条件的患者营养支持获益较大：①预期生存3个月以上；②一般状况良好；③有抗肿瘤治疗可能；④以肠梗阻为主要表现且威胁生存。欧洲临床营养和代谢学会（The European Society for Clinical Nutrition and Metabolism，ESPEN）推荐首选肠内营养途径（enteral nutrition，EN）途径给予营养支持（包括口服和管饲）。

对于预计生存时间短于3个月的患者，通过营养治疗改善生活质量的证据不足。一项中等质量证据的回顾性研究纳入75例终末期癌症患者，生存小于3个月的患者，即使给予营养支持，生活质量的改善率也只有9%。该阶段是否进行营养支持要结合患者病情、意愿综合决定。ESPEN推荐，只要患者要求或者同意，并且濒死阶段（数天至数周）还未到来，就应该给予营养治疗。

（2）药物治疗：对终末期恶病质患者给予营养干预的同时，ESPEN和NCCN均推荐应同时给予食欲刺激药物，该类药物能够改善代谢紊乱，减少炎性反应、增进食欲、降低静息能耗、增进体重，与营养支持同时应用有协同作用。最常用的有醋酸甲地孕酮、地塞米松、奥氮平。除西药外，某些中成药（如养正消积胶囊、加味枳术颗粒等）也有改善患者厌食的作用，特别是化疗导致的厌食。但药物治疗的最佳起用时机、剂量及疗程均无统一规定。在一项具有高质量证据的系统分析中，纳入 335 个随机对照研究共 3 963 例厌食、恶病质综合征患者，研究中醋酸甲地孕酮的常用剂量常为 320~800mg/d，醋酸甲羟孕酮为 500mg/d，疗程 1~4 个月，25%~75% 患者有食欲改善，约 10% 患者能增加体重。需要注意的是孕酮类激素有导致血栓（*RR*=1.84）及死亡率升高（*RR*=1.42）的风险。研究显示，不同药物的联合治疗较单药治疗有更好的疗效，但需要更多研究来证实。

对于临终阶段患者（预期生存数小时至数周），已有的证据显示营养干预或静脉水化对疲乏、幻觉等脱水症状无帮助，过于积极的肠内外营养干预实际上会增加水肿、误吸、感染等风险。此阶段的重点是处理口干、口渴以及对患者和家人撤离营养支持的宣教和情感支持（具体见第九章第三节：生命末期照护）。

3. 推荐意见

（1）推荐对所有肿瘤患者都应进行营养不良风险筛查与营养评估（强烈推荐，中等质量证据）。

（2）当存在厌食、恶病质表现时，临床医师应首先分析和纠正影响进食的因素和症状（强烈推荐，中等质量证据）。

（3）推荐对预期生存 3 个月以上以上的患者，只要满足以下条件之一就应开始营养治疗：①患者已经存在营养不良；②预计患者无法进食超过 7 天；③预计患者进食量低于需要量 60% 以上超过 7 天（强烈推荐，中等质量证据）。

（4）预计生存时间短于3个月的患者，只要患者要求或者同意，并且濒死阶段（数天至数周）还未到来，临床医师就应该给予营养治疗（强烈推荐，低质量证据）。

（5）对终末期恶病质患者给予营养支持治疗的同时，推荐给予食欲刺激药物，可选择药物包括醋酸甲地孕酮、醋酸羟甲孕酮、地塞米松、奥氮平等（强烈推荐，中等质量证据）。

（6）对于化疗导致的厌食，有部分减轻恶心症状、改善食欲作用的中成药（如养正消积胶囊、加味枳术颗粒等）也可作为一种用药选择（推荐，低质量证据）。

（7）濒死阶段的患者不建议给予营养支持治疗，应重点处理口干、口渴，以及对患者和家人撤离营养支持的宣教和情感支持（强烈推荐，低质量证据）。

（四）恶心/呕吐

1. 背景　晚期肿瘤患者的恶心/呕吐可由多种因素引起，包括：①肿瘤治疗相关，如化疗、放疗、止痛治疗。②肿瘤并发症，如胃轻瘫、便秘、肠梗阻、脑转移等。③水电解质紊乱，如高钙血症、低钾血症、高血糖等。④心理因素，如焦虑、预期性恶心、呕吐等。

恶心/呕吐对患者的情感、社会和体力都会产生明显的负面影响，可降低患者的生活质量和对治疗的依从性，加重患者对治疗的恐惧，甚至不得不终止抗肿瘤治疗，因此需要积极应对。

2. 证据　治疗应按照病因区别对待。

放化疗相关的恶心/呕吐（chemical induced nausea/vomiting，CINV）可参考美国《NCCN临床实践指南：止吐》和我国的《肿瘤治疗相关呕吐防治指南》。高质量证据的随机对照研究及系统分析显示，对于中-高致吐的化疗方案，在地塞米松和5-HT3受体拮抗剂的预防方案中加入NK-1受体拮抗剂后，呕吐的完全缓解率能够提高约20%（无呕吐：不需要止吐解救=54%：72%）。含阿瑞匹坦方案和含奥氮平方案预防止吐疗效无差异，含奥氮平方案预防恶心优于含阿瑞匹坦方案，急性与延迟期（0~120h）无恶心患者的比例为69%：38%。具体推荐如表9-1。

表9-1 化疗相关恶心、呕吐推荐预防方案

致吐风险	化疗第1天	化疗第2~4天	推荐级别	证据级别
高度	5-HT3RA+DEX+NK-1 RA	DEX第2~4天 NK-1RA第2~3天	强烈推荐	高质量证据
	5-HT3RA+DEX+OLN	OLN第2~4天	强烈推荐	高质量证据
	5-HT3RA+DEX+OLN+NK-1 RA	DE第2~4天 OLN第2~4天 NK-1RA第2~3天	强烈推荐	高质量证据
中度	5-HT3RA+DEX±NK-1 RA	5-HT3RA或DEX或NK-1R第2~3天	强烈推荐	高质量证据
	5-HT3RA+DEX+OLN	OLN第2~3天	强烈推荐	高质量证据
低度	5-HT3RA或DEX或甲氧氯普胺或丙氯拉嗪	多日化疗者每日重复用药	强烈推荐	中等质量证据
轻微	不需要预防用药		强烈推荐	

注：5-HT3RA：5-HT3受体拮抗剂；DEX：地塞米松；NK-1RA：NK-1受体拮抗剂；OLN：奥氮平

对全身放疗或者上腹部放疗者需要预防性给予止吐方案，推荐放疗期间每日 5-HT3RA ± DEX。同步放化疗者，按照致吐风险高的进行预防。

与放化疗无关的恶心 / 呕吐，如胃流出道梗阻、肠梗阻、便秘、阿片药物以及高钙血症等给予止吐治疗的同时应积极纠正病因，多可缓解。脑转移引起的恶心 / 呕吐，可给予姑息性放疗。阿片类药物诱发的恶心、呕吐可给予多巴胺受体拮抗剂治疗，必要时考虑阿片类药物减量或者轮换。焦虑相关的恶心可用苯二氮䓬类药物。眩晕引起的恶心 / 呕吐应适合给予抗胆碱能 / 抗组胺药物治疗。

非特异恶心 / 呕吐多在肿瘤终末阶段出现，机制尚不明确，治疗依据的证据级别较低，通常遵循如下原则：①一旦出现，应按时给予止吐药，而不是呕吐时临时给药。②首选多巴胺受体拮抗剂，证据较为充分的是甲氧氯普胺，其他可用药物包括奥氮平、氟哌啶醇、丙氯拉嗪，逐渐滴定至最佳剂量。③对于多巴胺受体拮抗剂滴定至最大耐受剂量仍疗效欠佳的持续性恶心 / 呕吐，可联合不同作用机理的药物，常用的联合用药有 5-HT3 拮抗剂、抗胆碱能药物、抗组胺药物、糖皮质激素、奥氮平等；应避免作用机理相同的药物联合使用。④无法口服时，可以考虑舌下、经直肠、皮下、静脉等途径给药。⑤难治性恶心 / 呕吐需要持续性皮下或静脉给予不同作用机制的止吐药，必要时可以镇静治疗。

3. 推荐意见

（1）有明确病因导致的恶心 / 呕吐，临床医师在给予止吐治疗的同时应积极纠正病因（强烈推荐，中等质量证据）。

（2）针对化疗相关的恶心 / 呕吐，应按照致吐等级给予不同强度的预防止吐方案(强烈推荐,高质量证据)。

(3)肿瘤终末阶段出现的非特异恶心/呕吐,建议按时给予以多巴胺受体拮抗剂为基础的单药或者联合不同作用机制药物的治疗(强烈推荐,低质量证据)。

(4)难治性/持续性恶心和呕吐可联合用药并持续24小时给药,必要时考虑镇静治疗(强烈推荐,低质量证据)。

(5)更多具体内容可参考《NCCN临床实践指南:止吐》《肿瘤药物治疗相关恶心呕吐防治中国专家共识》《肿瘤治疗相关呕吐防治指南》。

(五)便秘

1. 背景　便秘是指主观上感觉粪便干结、排便困难或排便不尽感和排便次数减少。60%的晚期癌症患者会发生便秘。阿片类镇痛药是晚期癌症患者便秘的主要原因,其他原因包括:止吐药、抗抑郁药、体能衰弱、卧床、恶病质、肿瘤浸润或压迫肠道/脊神经/盆腔神经、疼痛、高钙血症、低钾血症等。

便秘不仅可引起躯体痛苦,如恶心、食欲下降,甚至肠梗阻等;长期便秘还会引发患者心理痛苦和焦虑,影响阿片类镇痛药物的使用,因此需要积极应对。

2. 证据　治疗便秘之前要分析便秘的原因和严重程度,严重便秘患者应行腹平片检查除外肠梗阻。需要鉴定和处理诸如粪便嵌塞、梗阻、高钙血症、低钾血症、甲状腺功能低下、糖尿病等可纠正的因素,停用任何不必要的可能导致便秘的药物。

阿片诱发的便秘(opioid-induced constipation, OIC)重在提前预知并预防性给予刺激性泻药或刺激性泻药联合渗透性泻药。鼓励患者多饮水、多活动、增加膳食纤维的摄入。

治疗便秘的药物按照作用机制主要分为大便软化剂和刺激性泻药，粪便软化剂主要包括：多库酯钠、聚乙二醇、乳果糖、山梨醇等；刺激性泻剂主要包括：比沙可啶、番泻叶、酚酞、矿物油（石蜡油、蓖麻油等）。有粪便嵌塞者在服用泻药前需采用甘油纳肛或生理盐水灌肠解决嵌塞大便，否则容易加重腹胀、腹痛，甚至出现肠梗阻。一项中等证据质量的系统综述比较了不同缓泻剂的疗效，由于纳入的研究均使用了不同的缓泻剂及联合制剂进行对照，无法进行 Meta 分析得出确切证据，因此，目前未能明确单用各缓泻剂的优劣。经过初始治疗便秘仍持续的患者，可以逐步增加缓泻剂剂量或者联合用药。

阿片类药物相关便秘经前述处理仍无效者可考虑使用外周阿片 μ 受体拮抗剂。代表性药物是甲基纳曲酮，常用剂量为0.15mg/kg，隔日皮下注射。

3. 推荐意见

（1）治疗便秘之前要分析便秘的原因和严重程度，鉴定和处理可纠正的因素（强烈推荐，中等质量证据）。

（2）在使用阿片类镇痛药的同时应预防性给予缓泻药（强烈推荐，低质量证据）。

（3）常规治疗无效的阿片诱发的便秘可考虑使用外周 μ 受体拮抗剂治疗（强烈推荐，高质量证据）。

（六）腹泻

1. 背景　多种原因可导致肿瘤患者腹泻，抗肿瘤治疗诱发的腹泻（cancer treatment-induced diarrhea，CTID），如化疗、放疗、靶向治疗是肿瘤患者腹泻的主要原因。腹泻导致的乏力、睡眠紊乱、生活不便等还会降低患者的生活质量，引起心理社会痛苦，并可导致化疗剂量减低甚至不得不终止抗肿瘤治疗。

通常用美国国家癌症研究所常见不良事件评价标准(the national cancer institute common terminology criteria for adverse events, HCI-CTC)评估腹泻等级，根据腹泻等级和潜在病因给予干预。腹泻可分为单纯性和复杂性，单纯性腹泻为 HCI-CTC 1~2 级，无合并其他情况。复杂性腹泻为 HCI-CTC 3~4 级或者 HCI-CTC 1~2 级合并以下单一或多个症状或体征：①腹部中 - 重度绞痛；② 2 度及以上的恶心 / 呕吐；③体能状态下降；④发热；⑤脓毒血症；⑥中性粒细胞减少；⑦脱水；⑧肉眼血便。

2. 证据 所有腹泻患者均应进行饮食调整、饮水指导及补充电解质。

英美学者对肿瘤治疗相关性腹泻制定的指南推荐洛哌丁胺为单纯性腹泻初始标准用药，首剂为 4mg，此后为 2mg，每 2~4 小时 1 次，直至腹泻终止 12 小时后停药，若洛哌丁胺用药 12~24 小时腹泻未缓解，可缩短服药间隔时间，每 2 小时 1 次，或加用抗胆碱能药物治疗，如阿托品或颠茄片 1~2 片，每 6 小时 1 次。口服洛哌丁胺 24~48h 腹泻仍未缓解者，停洛哌丁胺，换为二线药物奥曲肽治疗，100~150μg 皮下注射，一日 3 次根据腹泻是否缓解，剂量可递增至 500μg，一日 3 次。

初始即为复杂性腹泻或者单纯性腹泻因疗效欠佳发展至复杂性腹泻的患者应住院治疗，立即终止抗肿瘤治疗，评估有无电解质紊乱、脱水、腹痛及肠道感染，除了给予补液、止泻和抗胆碱能治疗，也可直接使用生长抑素类似物，如奥曲肽。如果考虑感染性腹泻，应根据粪便培养的病原微生物类型，选用喹诺酮类、万古霉素、甲硝唑抗感染治疗。对于常规治疗无效的顽固性腹泻患者，应安排多学科会诊。

另外，对于伊立替康引起的急性腹泻，推荐阿托品0.25mg，皮下注射。免疫治疗相关的腹泻给予糖皮质激素、英夫利昔单抗和/或益生菌治疗。

3. 推荐意见

（1）所有腹泻患者应按照HCI-CTC分级并评估有无并发症，借此分为单纯性腹泻及复杂性腹泻，并给予针对性处理（强烈推荐，中等质量证据）。

（2）临床医师应给所有腹泻患者饮食、饮水指导，确定是否需要补充电解质（强烈推荐，中等质量证据）。

（3）推荐洛哌丁胺作为单纯性腹泻患者的标准用药，口服洛哌丁胺24~48h腹泻仍未缓解者，换为二线治疗药物奥曲肽（强烈推荐，中等质量证据）。

（4）复杂性腹泻的患者立即终止抗肿瘤治疗，推荐给予洛哌丁胺联合奥曲肽治疗（强烈推荐，中等质量证据）。

（5）免疫治疗相关性腹泻参照NCCN、ESMO免疫治疗毒性管理指南及国内相关建议（强烈推荐，中等质量证据）。

（七）恶性肠梗阻

1. 背景　恶性肠梗阻（malignant bowel obstruction，MBO）是指原发性或转移性恶性肿瘤造成的肠梗阻。晚期癌症患者并发肠梗阻概率为5%~43%，以结直肠癌和生殖泌尿系统肿瘤最为常见。

MBO病因分为癌性和非癌性两类。癌性因素包括肿瘤的生长和压迫引起肠腔狭窄、侵犯神经导致肠道动力障碍。非癌性因素主要有手术或放疗后肠粘连、低钾血症、身体衰弱导致粪便嵌塞等。MBO多数缓慢起病，症状反复，治疗前腹部立卧位平片和腹部 CT 检查必不可少，有助于明确梗阻部位和病因。

2. 证据 治疗前需要评估肠梗阻的严重程度和病因。鉴定和纠正诸如低钾血症、粪便嵌塞等。

治疗手段包括手术、内镜下治疗、药物、胃肠外营养及液体支持。采取何种治疗取决于梗阻程度、病因、预后、治疗的创伤性，以及患者期望达到的治疗目标。

预期生存 3 个月以上的患者主要考虑手术治疗。尤其是一般状况良好、机械性梗阻且梗阻部位单一、解除梗阻后有机会抗肿瘤治疗的患者。一项纳入多个回顾性研究的系统性分析提示，MBO 手术治疗的症状缓解率为 42%~80%，并发症发生率 9%~90%，再梗阻发生率为 10%~50%，术后 30 日内死亡率为 5%~32%。

预示手术不良结局的因素有腹水、肿瘤播散、腹部可触及包块、多节段梗阻、腹部放疗史、晚期、整体状况不佳等。此类患者更适合内科治疗。内科治疗包括药物治疗、内镜下治疗以及胃肠引流、胃肠外营养支持。

药物治疗的目的是止痛、止吐、减少胃肠液体分泌，提高生活质量。可以将药物治疗的患者分为两类：一类要维持胃肠道功能，另外一类胃肠功能无法维持。对于要维持胃肠功能的患者，阿片类、止吐药、皮质激素，单用或者联合。对无法维持胃肠功能者，药物选择有生长抑素类似物（善宁）和 / 或抗胆碱能药物。一项中等质量证据的系统性分析，包含了 3 项随机对照研究及多项观察性和回顾性研究，共 281 例无法手术的 MBO 患者，奥曲肽缓解恶心、呕吐、腹痛等梗阻症状的有效率波动在 60%~90%。奥曲肽常用剂量为 0.3~0.6mg/d，持续泵入或者分次皮下注射，如果预后超过 2 个月，可用长效善宁，每月注射 1 次。

胃造瘘管（通过 X 线、内镜或手术置入）或内镜下置入支架也能缓解 MBO 症状，适于梗阻较重，仅能进食流食或者无法进食的患者。两项中等质量证据的系统性分析，分别纳入 606 例和 1 198 例晚期 MBO 支架置入患者，支架置入操作成功率 90% 以上，症状缓解率多为 80% 以上，适用于预期生存超过 2 个月、一般状况较好且梗阻部位单一的患者。支架置入后穿孔发生率为 1.2%~4%，支架移位为 5%~11.8%，再梗塞发生率为 7.3%~18%。支架置入的禁忌证有多部位梗阻及腹膜广泛播散转移。

营养支持与液体补充：三磷酸吡啶核苷酸（triphosphopyridine-nucleotide，TPN）在 MBO 中的作用存在争议，预期生存数月至数年以上的患者，全胃肠外营养有利于改善生活质量。为避免肠梗阻患者补液量过多导致胃肠分泌的增加，建议经静脉或者皮下途径每日补充 1 000~1 500ml 液体，但对预期生存 2 个月以下的患者营养支持难以获益，具体内容参考厌食 / 恶病质。

3. 推荐意见

（1）推荐在综合评估的基础上，根据患者梗阻程度、病因、预后，治疗的创伤性，以及患者期望达到的治疗目标由多学科讨论后决定个体化治疗方案（强烈推荐，中等质量证据）。

（2）预期生存 3 个月以上的患者主要考虑手术治疗。手术适于一般状况良好、机械性梗阻且梗阻部位单一、解除梗阻后有机会抗肿瘤治疗的患者（强烈推荐，中等质量证据）。

（3）对于预后差、多部位梗阻、癌性腹水等患者，我们推荐内科为主的治疗，可选择手段包括药物治疗、内镜下治疗以及胃肠引流、胃肠外营养支持（强烈推荐，中等质量证据）。

（4）MBO 对症治疗的药物，推荐强阿片类药物用于止痛，抗胆碱能药物和奥曲肽用于抑制胃肠分泌，以及不同作用机制的止吐药（强烈推荐，中等质量证据）。

（5）MBO 患者的营养支持治疗需要结合预后来考虑，原则参考厌食 / 恶病质的内容。

（八）癌性疲乏

癌性疲乏（cancer related fatigue，CRF）详见第八章第七节：癌因性疲乏。

（九）睡眠 / 醒觉障碍

1. 背景 睡眠 / 醒觉障碍是指从嗜睡、失眠到睡眠节律紊乱的各种状态。25%~75% 的肿瘤患者存在睡眠 / 醒觉障碍，表现为失眠及日间镇静。一项调查 442 例晚期肿瘤患者的回顾性研究发现，75% 的患者有失眠的症状，失眠评分常与疼痛、疲乏、焦虑、幸福感丧失、镇静药物使用等密切相关，首次干预后 59% 失眠患者获得改善。

尽管睡眠 / 觉醒障碍普遍存在，并且睡眠 / 觉醒障碍会影响日间功能，导致白天疲乏、认知受损，影响患者生活质量，但它常常是被忽略的一个症状，很少作为肿瘤患者的常规筛查项目。

2. 证据 首先应该用量表（如 Epworth 睡眠量表）评估睡眠 / 觉醒紊乱的类型和严重程度。如果患者既往存在呼吸睡眠紊乱病史，建议用多导睡眠记录仪来明确诊断。原有疾病，如原发睡眠障碍、阻塞性呼吸睡眠暂停，应给予相应治疗。其他可能引起睡眠 / 觉醒紊乱的因素也应得到处理，包括疼痛、抑郁、焦虑、谵妄和呕吐。

认知行为治疗对癌症患者的睡眠 / 觉醒紊乱有效。一项中等质量证据的系统分析共纳入三个临床指南及 12 个随机对照研究，结果提示，与药物治疗相比，行为治疗对改善睡眠质量有更好疗效，且不存在药物治疗的副反应。认知行为治疗（包括睡眠卫生教育、睡眠限制、刺激控制、认知重构和放松疗法）是目前睡眠障碍患者推荐的首选治疗。另外一项系统性分析纳入 5 个随机对照研究结果也得出类似结论。

顽固性失眠可以考虑药物治疗如表 9-2、表 9-3，药物治疗缺乏随机对照研究，但多数指南对药物的使用都有不同程度推荐，包括短效苯二氮䓬类药物劳拉西泮，非苯二氮䓬类药物唑吡坦，抗精神病药物喹硫平、奥氮平，镇静性抗抑郁药物曲唑酮和米氮平。

表 9-2　治疗失眠的药物

药物名称	剂量和用法
劳拉西泮	0.5~1mg　口服　睡前
唑吡坦	5~10mg　口服　睡前
喹硫平	25~50mg　口服　睡前
奥氮平	2.5~5mg　口服　睡前
曲唑酮	25~100mg　口服　睡前
米氮平	7.5~30mg　口服　睡前

表 9-3　治疗白天嗜睡 / 镇静药物

药物名称	剂量和用法
哌醋甲酯	2.5~20mg　口服　一日两次 末剂最好不要超过下午 2 点给药
莫达非尼	100~400mg　口服　晨起
咖啡因	100~200mg　口服　每 6 小时一次 末剂不超过下午 4 点
右旋苯丙胺	2.5~10mg　口服　一日两次 末剂不能晚于睡前 12 小时

对顽固性白天嗜睡 / 镇静（与治疗相关或者药物相关，如使用阿片类药物），推荐中枢神经激动剂哌醋甲酯，也可使用精神兴奋药莫达非尼、咖啡因、右旋苯丙胺。

临终患者要征求他们自己对失眠和镇静的处理意愿。根据身体状态调整用药剂量。对顽固失眠者可以用抗精神病药物，如氯丙嗪或喹硫平。

3. 推荐意见

（1）我们推荐认知行为治疗作为睡眠障碍患者的首选治疗（强烈推荐，中等质量证据）。

（2）对于认知行为治疗失败的顽固性睡眠 / 觉醒紊乱的患者，可以考虑药物治疗（强烈推荐，低质量证据）。

（3）濒死患者的治疗要参考患者对失眠及镇静的治疗意愿，并注意药物的合适剂量（强烈推荐，低质量证据）。

（十）谵妄

见本指南第八章第三节：谵妄。

第三节 生命末期照护

一、生命末期及死亡预测

1. 背景 生命末期(end-of-life)无统一定义,多指死亡前数日至数周时间。濒死(impending death)则多指死亡前数小时至数日阶段。

生命末期患者的症状负担加重,抗肿瘤治疗需求减少,临终关怀需求增加。目前,多种因素导致肿瘤患者在生命末期仍难以享有充足的临终关怀服务。美国一项调查显示,6% 的患者在生命最后 1 个月仍接受了化疗,尽管 55% 的患者死前接受了临终关怀服务,但平均时长仅为 8.7 天。

2. 证据 目前尚无标准方法能够精准预测患者预后,但临终患者会出现一些相对特征性的症状、功能状态的明显下降以及生化指标等改变。其中,功能评分下降、厌食/恶病质、呼吸困难、谵妄、认知能力下降是最重要改变。欧洲姑息治疗协会联合欧美学者进行系统综述后于 2005 年推出晚期肿瘤患者预后预测指南,临床生存预测(clinical prediction of survival,CPS)和姑息预后评分(palliative prognostic score,PaP Score)成为预测预后的 A 类推荐。其中,PaP Score 兼具主客观指标,运用更为简便如表 9-4。临终患者 PaP Score 为 11.1~17.5 分,生存 30 日以上的可能性小于 30%。姑息功能量表(palliative performance scale,PPS)评分也被广泛使用,该评分包含自主性、活动能力、疾病、自我照护能力、营养摄取、意识状态等总共 11 个条目,一项包含 11 374 例样本的队列分析证实其良好的预后判断价值。

表 9-4 姑息预后评分(palliative prognostic score, PaP Score)

预后因子	分值
呼吸困难	
无	0
有	1
厌食	
无	0
有	1.5
卡氏功能评分(Karnofsky performance status, KPS)	
≥ 50	0
30~40	0
10~20	2.5
临床预测生存	
> 12 周	0
11~12 周	2.0
9~10 周	2.5
7~8 周	2.5
5~6 周	4.5
3~4 周	6.0
1~2 周	8.5
白细胞计数(个/微升)	
正常:4 800~8 500	0

续表

预后因子	分值
高：8 501~11 000	0.5
非常高：＞11 000	1.5
淋巴细胞比例	
正常：20%~40%	0
低：12%~19.9%	1.0
非常低：0%~11.9%	2.5

注：1. 姑息预后评分和死亡风险分组，A 组：0~5.5 分，30 天生存概率＞70%；B 组：5.6~11.0 分，30 天生存概率 30%~70%；C 组：11.1~17.5 分，30 天生存概率＜30%。

2. 姑息预后评分 = 呼吸困难评分 + 厌食评分 +KPS 评分 + 临床生存预测评分 + 白细胞计数评分 + 淋巴细胞比例评分。

3. MD Anderson 学者研究了生命末期患者（3 日内死亡）的临床特征，结果表明桡动脉搏动消失、下颌抬举样呼吸、陈 - 施氏呼吸、尿量减少（小于 200ml/d）、喉鸣（death rattle）、外周紫绀是 3 日内死亡高度特异性提示。该团队进一步研究发现了生命末期 8 项床旁体征，能特异性预测 3 日内死亡，包括瞳孔对光反射减弱或消失、对声音刺激反应弱、对视觉刺激反应弱、眼睑无法闭合、鼻唇沟下垂、颈部过伸、声带发出喉鸣、上消化道出血，上述征象在 3 日内死亡的患者出现比例为 5%~78%

上述研究有助于我们相对准确判断预后，利于和患方沟通及辅助治疗决策。当预测患者生命进入生命末期阶段时，应与患者及家属 / 照料者讨论是否需要生命支持系统、药物维持等治疗，并给患者和家属预留交流和告别机会。

3. 推荐意见　当患者进入生命末期时，建议用预后量表结合临床征象预判预后。可选量表包括 PaP Score、CPS、PPS（强烈推荐，中等质量证据）。

二、生命末期的沟通及决策

1. 背景 当患者处于生命末期状态(预期生存数日至数周),治疗的重心应从抗肿瘤治疗过渡至提高生活质量的照护为主。医疗团队人员应与患者、家属、照料者进行生命末期事项的充分沟通,以便为临终关怀过渡,并为死亡做好准备。研究表明,越早开始生命末期的沟通就越能减少有创的救治,增加临终关怀的利用率。沟通的主要内容包括预立照护计划、患者的决策能力、后续的治疗和护理、临终过程、关于心肺复苏及维生医疗的决定(预立照护计划的内容)、临终场所的选择、是否需要转诊至专业的姑息治疗机构等。

2. 证据

(1)预立照护计划(advance care planning, ACP):是支持任何年龄或健康阶段的成年人,分享个人价值观、生活目标和未来医疗照护偏好的过程。肿瘤患者 ACP 的内容包括:关于姑息治疗的选择,如临终关怀、个人对缓和医疗照护的想法和偏好、患方及照护团队之间想法的一致性。正式的存档资料包括:预立医疗指示(advance directives)、生前预嘱(living will)、医疗代理人,关于维生医疗使用等。肿瘤患者应尽早开始 ACP 的沟通,生命末期阶段应该对 ACP 中的预立医疗指示进行逐条确定和落实。

Mack JW 调查 1 231 例晚期结直肠癌和肺癌患者,死亡 30 天前医患之间就临终照护进行过沟通的患者,选择化疗、急症抢救、有创抢救(机械通气、心肺复苏)的比例低于未进行沟通者。另有研究表明,接受临终抢救的肿瘤患者生活质量更低,照料者在居丧期间抑郁发生率更高。

我国对 ACP 的知晓率比较低，ACP 的研究还处于起步阶段，是缓和医疗发展的重要内容。

（2）终止抗肿瘤治疗：美国及加拿大数据显示约 30% 患者在生命末期阶段仍接受了化疗，2%~5% 在生命最后的 14 天内接受了化疗。化疗延长了在院时间并增加了死于 ICU 的概率。生命末期抗肿瘤治疗缺乏循证医学证据，患者对抗肿瘤治疗的耐受性也下降，该阶段抗肿瘤治疗弊大于利。为了避免将抗肿瘤治疗作为“安慰性质”，医生需要认识到预后沟通的重要性，提升告知坏消息的技能。

（3）是否转诊至临终关怀机构：已有的证据显示生命末期接受临终关怀的患者比未接受临终关怀的患者症状减轻、生活质量提高，患者和家属、照料者满意度更高，临终关怀并不会缩短生存。尽管如此，在缓和医疗发达的国家仍面临临终关怀利用率低的现实。转诊至临终关怀机构的障碍可来自患者、医生以及医保政策。为了让更多患者能够接受临终关怀的服务，医护人员应该认识到临终关怀是提升生命末期照护质量的重要选择、需要对患者进行及时的预后沟通、加强医保政策扶持。

（4）死亡场所的选择：晚期癌症患者多数愿意居家离世，居家离世有更好的生活质量，症状控制也更好。离世场所的选择受到多种因素的影响，已婚、有临终访视、有预立医疗指示倾向于选择居家离世，而未婚、中 - 重度疼痛、高龄等则倾向于不愿意居家离世。医护人员需要和患者进行沟通，为患者选择意愿的离世场所创造条件。

（5）维生医疗的选择（life supporting treatment，LST）：姑息治疗的目的是尽可能减少患者的痛苦，提高生活质量。随着生命末期到来，一方面要着力减轻痛苦症状，另一方面要避免无效医疗带来痛苦和负担。生命末期的维生医疗的决策面临伦理和现实诸多的困境，可能存在患者和家属不一致、医患之间不一致的情况。此种情况下，需要和家属进行充分的沟通和权衡。医生要告诉患者预后、了解医患双方治疗的目标和期望、权衡维生治疗是否有助于实现目标、是否有医疗之外的因素影响治疗的选择、是否需要伦理和心理人员参与讨论。以下几种情况可以作为撤离 LST 的决策框架：①医生认为 LST 弊大于利或者患者感到治疗带来的负担超过获益（主观感觉）。②撤离 LST 是为了缓解患者痛苦而非导致死亡。③维持还是撤离，LST 对患者而言无区别，其目的都是为了减轻痛苦。④患者感觉到 LST 带来的负担和痛苦是决定撤离 LST 的最重要标准。不能以干预手段简单还是复杂来支持患者放弃治疗。

1）人工水化和营养（artificial hydration，AH；artificial nutrition，AN）：生命末期的患者摄食明显减少，口干较为常见，部分患者出现脱水症状，如谵妄、肌阵挛等，但多数患者不会因此而产生不适主诉。此时的营养治疗对生存已无延长作用，还会带来水肿、腹泻、感染、代谢产物蓄积等副反应。目前缺乏对于营养支持及水化对各种痛苦症状缓解的证据。由于多数患者及家属认为能够缓解口干及心理痛苦，所以医生的决策容易受到患方的影响。该阶段的大部分患者只需要极少的食物和水来缓解饥渴感；少许冰块或润唇膏或少量水就能缓解口干症状或意识模糊，如果患者有愿望、有能力进食水，应给予鼓励。总体而言，是否给予营养和水化要考虑患者的宗教、文化背景，并与患方充分沟通预后和治疗利弊，如果水化和营养弊大于利，可以不予或者撤离。

2)抗感染：27%~78%患者在生命末期使用抗生素，在生命最后1周使用抗生素的患者，体温控制率仅为28.4%，且基本没有发现生活质量的改善，所以目前无法确定抗生素的使用是否带来益处。终末期抗生素使用还有产生耐药菌、结核、有限资源被无效医疗占用等公共问题的担忧。总体上建议在生命末期阶段关注患者的舒适度而不是提供获益不明的治愈性治疗。

3)输血：一项系统性分析纳入653例晚期输血的癌症患者，31%~70%的患者疲乏和呼吸困难得到短期缓解，但缓解持续时间多不超过14天，有23%~35%患者输血后2周内死亡。目前缺乏生命末期患者输血的随机对照研究来评估安全性和疗效，生命末期输血界值也没有统一规定，输血获益短暂。因此输血的决策应基于预后、症状、治疗目标以及利弊权衡。

4)心肺复苏：一项纳入332例临终患者的多中心前瞻性队列研究表明，实施临终心肺复苏的患者生活质量更差，家属、照料者居丧抑郁发生率更高。肿瘤晚期有部分患者发生突然的病情变化，在紧急情况下可能会做出违背了患者和家属的本意的选择。因此，应在患者意识清醒的情况下适时与患方沟通心肺复苏的目的、适应证、利弊并提前签署预立医疗计划，客观告知患方心肺复苏无法挽救生命末期患者的生命以及可能带来的痛苦。缓和医疗发达国家法律允许患方做出撤离(withdraw)生命支持系统的决定，即当发现生命支持系统给患者带来的痛苦超过获益时，或者没有带来任何改善时，允许撤离部分或者全部支持系统。中国在这方面尚未有相关立法，有待于进一步发展完善。

3. 推荐意见

（1）当患者处于生命末期状态，医疗团队人员应与患者、家属、照料者进行生命末期事项的充分沟通并签署相应医疗文书（强烈推荐，中等质量证据）。

（2）生命末期阶段的患者应考虑终止抗肿瘤治疗（强烈推荐，低质量证据）。

（3）生命末期阶段维生医疗无获益的充分证据，应与患者充分沟通利弊，尊重患者选择（强烈推荐，低质量证据）。

三、生命末期症状处理

1. 背景　生命末期照护的一个重要目标是缓解痛苦症状，但随着生存时间的缩短，肿瘤患者症状负荷会逐渐加重，功能评分进一步下降，多个症状之间相互影响并形成症状簇，增加了治疗的难度。

美国一项涉及 10 752 例死亡的癌症患者观察性队列研究提示，在生命最后 6 个月，PS 评分逐步下降，疼痛、恶心、焦虑、抑郁评分相对稳定，而呼吸困难、嗜睡、食欲下降、疲乏以及总体健康状况下降（well-being）却逐步加重，临终前一个月内最为明显，超过 1/3 患者在生命最后 1 个月有中 - 重度评分，研究提示在生命终末阶段针对恶化的症状要加强处理。

2. 证据

（1）谵妄：在生命末期阶段发生率高达 50%~90%，多数为淡漠型谵妄，患者意识减弱，小部分患者表现为激惹或混合型谵妄。谵妄增加了与患者沟通的难度，并且很容易给家属、照料者带来心理痛苦。

缺氧、代谢紊乱、药物副反应、脱水是生命末期阶段谵妄主要病因。终末期谵妄的处理缺乏随机对照研究。此阶段患者再定向治疗难以奏效，应给予家属、照料者指导和支持；加强保护，避免患者受伤，尽量少用约束手段；停止不必要的可导致谵妄的药物，纠正代谢紊乱，去除不必要管道；去除粪便嵌塞及尿潴留等潜在加重谵妄的因素；必要时阿片药物转换。

经前述手段处理失败，可给予药物治疗，有效药物包括：氟哌啶醇、氯丙嗪、奥氮平、喹硫平、利培酮，首选氟哌啶醇，奥氮平与氟哌啶醇疗效类似。常规治疗无效的激越型谵妄可给予苯二氮䓬类药物治疗，顽固性谵妄的患者可以进行姑息镇静治疗。

（2）疲乏：疲乏是终末阶段最常见症状，发生率超过75%，且程度逐步加重，由于常合并营养不良、睡眠/觉醒紊乱、贫血、多种药物治疗等协同增加疲乏的因素，使该阶段疲乏的治疗难度增大。

生命末期阶段疲乏的治疗缺乏随机对照研究，目前无法形成推荐。但可以参照《NCCN 临床实践指南：疲乏》中终末阶段疲乏处理，综合治疗包括纠正协同因素、节省体能、意义和价值治疗、药物治疗（哌醋甲酯、糖皮质激素）等可能对改善疲乏、提高生活质量有帮助。

（3）呼吸困难：在临终前数周至数日会逐步加重，预示死亡临近，是一个给患者和家属/照料者均带来明显痛苦的症状。不同肿瘤出现呼吸困难的概率在21%~90%，肺癌及生命末期患者发生率最高。

生命末期呼吸困难的处理类似于非末期患者。抗感染及有创性操作，如胸水穿刺引流不应过于积极，要参考患者和家属的意愿以及治疗目标而定，药物治疗首选吗啡。

少部分患者会出现对常规治疗无效的顽固性呼吸困难，可以考虑姑息镇静治疗。具体见下文：姑息镇静。

(4)疼痛：生命末期阶段疼痛发生率 30%~75%，多数疼痛随死亡的临近会得到减轻。若患者存在谵妄，将影响疼痛的评估。生命末期阶段的疼痛处理原则同非末期的患者，阿片类药物仍为标准选择。由于患者经口服药难度加大，更多是持续或间歇经皮、经静脉等胃肠外途径给药。

尽管存在阿片类药物会加速死亡的担心，但目前并无证据表明阿片类药物会加速死亡。回顾性研究及系统分析表明，生命末期阶段因镇痛需求而加大阿片类药物剂量并未加速死亡，高剂量阿片组和低剂量阿片组间中位生存无差异。

(5)临终喉鸣(death rattle)：生命末期患者常因无力清除咽喉和上气道常积聚的分泌物，导致临终喉鸣。临终喉鸣是患者生命末期特征之一，发生于 12%~92% 生命末期患者(总计约 1/3)，出现临终喉鸣的患者多于 2 日内死亡。临终喉鸣对意识逐渐衰弱的患者影响不明确，但却会给家属/照料者带来痛苦感受。

临终喉鸣可以分为两类，一类由于唾液分泌积聚引起，用抗胆碱能药物抑制分泌能使 90% 患者缓解。另一类又称为“假性死亡喉鸣”，多由于肿瘤、感染、误吸、体液潴留引起深部气道的分泌，缺乏有效治疗手段。

现有的针对临终喉鸣的治疗研究涉及多种抗胆碱能及抑制分泌的药物，如阿托品、东莨菪碱、奥曲肽、格隆溴铵、氢溴酸东莨菪碱，但与安慰剂相比，均未获得改善喉鸣的阳性结果，各药物之间也未见疗效差异。虽然缺乏明确证据，但临床仍会用抑制分泌药物来缓解症状。相比于其他的抗胆碱能药物，格隆溴铵很少通过血脑屏障，不会加重谵妄，剂量为 1~2mg 口服或每 4 小时 0.1~0.2mg 皮下或静脉注射，或每天 0.4~1.2mg 持续输注，部分患者可以通过调整体位或者吸除过多分泌物来缓解。

此外，向家属、照料者交代临终喉鸣的发生机制，告知喉鸣为死亡过程中的自然现象，与呼吸困难无关，将有助于缓解家属痛苦。

（6）姑息镇静：是指通过镇静药物降低患者的意识水平，从而缓解常规治疗无效的顽固性症状带来的难以忍受的痛苦。系统性分析表明，18%~34.4% 的生命末期阶段的患者实施了姑息镇静，姑息镇静的时长多为数日之内，激越型谵妄、呼吸困难、疼痛居姑息镇静需求前 3 位。

姑息镇静不同于安乐死和辅助自杀，其目的是为了缓解患者痛苦，而不是结束生命。目前尚无随机对照研究比较不同药物的镇静效果及对死亡的影响，无证据显示姑息镇静会加速死亡。一项中等证据质量的系统性分析纳入 11 个前瞻性和回顾性非随机对照研究，其中 1 807 例终末期患者中有 621（34.4%）例患者实施了镇静，姑息镇静与未姑息镇静的患者相比，前者生存时间为 7~36.6 天，后者为 4~39.5 天，无统计学差异。

日本一项多中心前瞻性观察性队列研究共纳入 102 例晚期肿瘤实施姑息镇静的患者，83% 患者顽固性症状得到改善，3.9% 患者在镇静后出现致死性血压、呼吸改变。

姑息镇静多用于缓解患者躯体痛苦，存在的痛苦（existential suffering）包括心理、精神层面的痛苦使用姑息镇静仍存争议。

在使用姑息镇静前必须充分多学科评估患者痛苦程度以及是否除姑息镇静外无更合理手段缓解痛苦，向家属和患者充分沟通姑息镇静的性质，镇静过程中会出现的情况，镇静的结局，要考虑到宗教、文化背景，并签署知情同意后由有经验的姑息治疗专科医师实施。

虽然姑息镇静广泛用于生命末期阶段顽固症状的控制，但仍有待随机对照研究来证实其疗效。不同国家姑息镇静指南中关于适应证、镇静深度、维持时间、姑息镇静期间维生医疗的使用均没有统一规定，存在差异，因此，在许多情况下需要结合患者实际情况个体化考虑。

姑息镇静最常用药物是苯二氮䓬类，包括咪达唑仑、丙泊酚、劳拉西泮、异戊巴比妥。药物的使用和疗程存在经验性和个体化，原则是运用使患者痛苦达到能耐受的最低剂量。多数患者可以在非完全镇静基础上使痛苦降低到可耐受程度。

3. 推荐意见

(1)生命末期患者出现阿片药物相关的谵妄可以进行阿片药物的轮换(强烈推荐，中等质量证据)。

(2)我们推荐治疗谵妄的药物有氟哌啶醇、氯丙嗪、奥氮平、喹硫平、利培酮(强烈推荐，高质量证据)。

(3)临床医师对生命末期疲乏的患者家属应给予心理社会支持(强烈推荐，低质量证据)。

(4)建议生命末期疲乏患者的处理以综合治疗为主，包括纠正协同因素、节省体能、意义和价值治疗、药物治疗(哌醋甲酯、糖皮质激素)等(弱推荐，中等质量证据)。

(5)生命末期呼吸困难的处理遵循非末期呼吸困难的处理原则，但有创操作应谨慎(强烈推荐，中等质量证据)。

(6)生命末期疼痛的处理遵循 WHO 三阶梯疼痛处理的原则(强烈推荐，高质量证据)。

（7）临终喉鸣是死亡过程中的自然现象，临床医生应向患者、家属、照料者解释，有助于缓解家属、照料者痛苦（强烈推荐，低质量证据）。

（8）虽然缺乏明确有效的证据，我们建议可以用抑制分泌药物来治疗临终喉鸣（弱推荐，低质量证据）。

（9）生命末期患者的痛苦症状如果经常规治疗无法缓解，可考虑姑息镇静治疗，临床医师在使用姑息镇静时应该遵循达到有效的最低剂量原则（强烈推荐，低质量证据）。

第四节　居丧哀伤和居丧关怀

一、背景

失去亲人是一个人生命中灾难性的体验。几乎所有人都有居丧哀伤，其中 50%~70% 亲属、照料者有居丧关怀的需求。因此，全面的姑息照护应延续至患者死后，该阶段主要针对患者家属及照料者给予居丧关怀。其内容包括：去除死者身上留存的管道、线路，整理遗体，帮助解决器官捐献及尸检事宜，提供葬礼服务信息及吊唁，通过电话、信件等方式给予后期居丧支持。整个过程中，要注意尊重患方文化、宗教、风俗，给患方充分表达感情的机会。

50%~85% 的丧亲者有哀伤反应属正常范围，包括一系列复杂的、个体化的、时间长短不一的情绪、心理反应和痛苦，如情绪麻木、震惊、不相信、否认、分离焦虑、做梦、幻想、幻觉、悲伤、绝望、失眠、厌食、疲乏、对事物失去兴趣、日常生活混乱等。

正常哀伤反应大致分为四个阶段，分别为麻木和不相信、分离痛苦、抑郁悲伤、恢复。多数人的痛苦基本在6个月内达到高峰，随着时间推移，在丧亲后6个月至两年悲伤反应会减轻或消失，少数人会持续数年之久。

10%~20%的丧亲者将出现复杂、延长的哀伤反应。这部分丧亲者表现为哀伤期或哀伤程度超过正常反应，并对其社会、职业及其他领域的职能产生了具有临床意义的损伤。除了哀伤时间长、程度重以外，还有一些特征有助于提示存在复杂悲伤，比如过度的孤独感、寻找死者、对将来感到无望、生活失去目标、感觉生命失去意义、世界观变得残缺（如没有安全感、失去信任等）等，这些症状源于不愿意或无法接受丧亲事实以及无法开始丧亲后的生活。

复杂哀伤的高危因素有：①照料者低于60岁；②缺少社会支持；③既往或现在有抑郁症；④低收入；⑤想法容易悲观；⑥生活中应激性事件的严重程度。其中⑤、⑥两项是预测照料者在患者死前出现复杂悲伤的独立因子。其他容易导致复杂悲伤的相关因素还有男性、非预期死亡、矛盾型性格、缺乏宗教信仰等。

复杂哀伤的诊断参照美国《精神障碍诊断和统计手册》中的标准。

二、证据

对居丧哀伤的干预手段：①医务人员对家属、照料者的居丧支持；②心理动力学（psychodynamic）干预，比如人际心理治疗；③认知行为治疗；④团体治疗；⑤以家庭为中心的悲伤治疗；⑥基于网络技术的治疗；⑦药物干预。由于正常居丧哀伤多数能够恢复正常，并且研究发现干预的效果并不一致，因此，对正常的哀伤是否需要干预仍存在争议。

对复杂哀伤的干预则能让患者在不同程度上受益，复杂哀伤的治疗无统一方案，研究多集中于心理社会治疗和药物治疗。

Shear K 进行了一项中等证据质量的随机对照研究，比较了复杂哀伤治疗（complicated grief treatment）与人际心理治疗（interpersonal psychotherapy）的疗效，该研究共纳入95 例复杂哀伤患者，结果显示复杂哀伤治疗疗效优于后者（51%：28%）。Boelen PA 进行的另一项中等证据质量的随机对照研究比较了认知行为治疗与支持性咨询的疗效，研究共纳入 54 例患者，结果显示认知行为治疗对总体精神病理状态和症状改善优于支持性咨询。

药物治疗研究多为小样本非随机对照研究，研究显示地昔帕明、去甲替林、盐酸安非他酮等抗抑郁药物能有效改善复杂哀伤患者的悲伤强度和抑郁症状，但哀伤强度的改善不如抑郁的改善明显。近期一项纳入 395 例复杂哀伤患者的随机对照研究显示，每周 1 次，连续 16 次的复杂哀伤疗法缓解率优于对照组（82.5%：54.8%），而复杂哀伤疗法联合西酞普兰对哀伤有效率没有提高，但联合西酞普兰有助于减轻哀伤合并的抑郁。

三、推荐意见

1. 临床医师对丧亲家属、照料者应给予常规的居丧关怀（强烈推荐，中等质量证据）。

2. 对复杂哀伤应给予干预，建议治疗的手段包括复杂哀伤治疗、认知行为治疗、人际心理治疗、抗抑郁药物治疗（强烈推荐，中等质量证据）。

第十章

肿瘤患者心理干预

第一节　临床医护人员能做的心理干预

一、支持性干预

（一）背景

恶性肿瘤给患者及其家庭带来了巨大的心理压力。一项纳入58项研究的Meta分析发现，恶性肿瘤患者的抑郁发病率明显高于普通人群。2010年我国一项调查发现，恶性肿瘤患者心理痛苦的发生率为24.2%，在有显著心理痛苦的患者中，超过50%的患者心理痛苦是由于情绪问题所引起的。患者所承受的高度的精神打击和痛苦对其预后、生活质量、治疗依从性、医院住院时间和生活自理能力均有负面影响。支持性心理干预（supportive psychotherapy）是一种间断的或持续进行的治疗性干预，旨在帮助患者处理痛苦情绪，强化自身已存在的优势，促进对疾病的适应性应对。它能在相互尊重与信任的治疗关系中，帮助患者探索自我，适应体象改变和角色转换。医护人员通过与患者建立信赖关系，以及对患者病情上的掌握和知识上的权威性更容易为患者提供心理支持。支持性干预常常以团体的方式进行，最为常见的是作为团体干预的一个重要元素而出现，但一对一的简单的支持性干预也能够起到积极的作用。

（二）证据

有证据表明，支持性干预能够有效处理恶性肿瘤患者的心理问题，缓解其焦虑抑郁情绪，帮助其更好地应对疾病。Hershbach 等随机选择 174 名恶性肿瘤患者，给予 4 次认知行为治疗或者支持经验治疗。他发现在一年时间内，与对照组的 91 名患者相比，试验组成员对于病情进展的恐惧以及焦虑和抑郁明显下降，而对照组仅在短期内出现改善。Spigel 等发现，与随机选择的对照组相比，一周一次，为期一年的支持性团体能够改善转移性乳腺癌女性的情绪，提高其应对能力，减轻恐惧。Cella 等在社区的恶性肿瘤患者中组织了一个 8 周的支持团体。在最后一次治疗结束前患者自我报告的生活质量，比干预开始时的报告有了显著改善。参与者提到社区和同伴支持是这个项目中最有帮助的一个部分，而且小组评估在各方面均显示出很高的满意程度，遗憾的是该研究缺乏随机对照设计。Cunningham 及同事对比了两种不同的团体心理干预模式。患者被随机分为两组，一组为标准化干预组（每周 2 小时，共 6 周），另一组为“周末强化”的干预组。在进行 19 周后，研究者发现两种模式对于情绪和生活质量的影响有明显区别，而标准化干预组患者的生活质量的改善要稍微明显一些。周广美等对晚期伴疼痛的恶性肿瘤患者所做的随机对照研究（n=120）发现，与普通护理组相比，支持性心理干预能显著改善恶性肿瘤患者疼痛，提高其生活质量，所使用的支持性心理干预方法包括疏泄、死亡教育以及对家属的心理支持。国内还有随机对照研究发现支持性心理干预能够减轻化疗期间患者的自我负担及焦虑抑郁情绪。国内外研究中均没有证据表明支持性心理干预会给患者带来负面影响的风险，但干预涉及潜在的时间和经济方面的负担。国内研究在设计上普遍存在一些缺陷，如样本量小，随机过程介绍不清等。

（三）推荐意见

1. 我们推荐医护人员在恶性肿瘤患者全病程中都应提供一般性心理支持，包括主动关心患者，了解患者的感受和需求，倾听并给予共情的反应，同时给予患者信息和知识上的支持，减轻其不确定感，特别是在患者的诊断期、治疗期以及晚期伴有严重躯体症状的时候给予支持性干预尤为重要（强烈推荐，中等质量证据）。

2. 我们建议临床医生采取团体干预的方式为患者提供心理支持，团体活动频率通常为一周一次，每次 90~120 分钟，团体的领导者应包含了解疾病的医护人员，在团体活动中主要关注于患者遭遇的现实困难、对疾病的感觉和态度以及与家庭成员的关系。对于晚期患者团体来说，讨论还应涉及对死亡的感受，将来的丧失以及对生存担忧等话题（弱推荐，中等质量证据）。

3. 临床医生应该根据患者的具体情况决定支持性心理治疗的方式、地点、时间和频次。可以是面对面的，也可以通过电话和书信；可以在心理治疗室，也可以在床旁甚至是患者家中；根据患者的精力、体力和需求来安排治疗时间和频次（强烈推荐，低质量证据）。

4. 因为家庭是患者重要的支持来源，如果有可能，我们建议将整个家庭作为支持治疗的对象(弱推荐,低质量证据)。

二、教育性干预

(一)背景

教育性干预(educational intervention)是指通过健康教育,提供信息来进行干预的方法,教育内容包括:疾病及治疗相关信息、行为训练、应对策略和沟通技巧以及可以利用的资源等。其中,行为训练即通过催眠、引导想象,冥想及生物反馈训练等教授患者放松技巧;而应对技巧训练则通过教授患者积极的应对方式和管理压力的技巧来提高患者应对应激事件的能力。

对于那些可能对疾病有误解,甚至没有概念,以及对询问这类信息抱有迟疑态度的患者,教育性干预不仅为他们提供了有关疾病诊断和治疗的具体信息,而且还增强了他们的应对技巧。研究结果显示,以提供信息为主的单纯教育性干预或许会有帮助,但是当教育干预作为综合性干预的一部分时,干预的有效性更为明显。

(二)证据

Jacobs 等对霍奇金淋巴瘤患者进行的随机对照研究(n=81)发现,单纯的教育性干预不但能提升患者的知识水平,同时焦虑、抑郁和生活混乱(life disruption)的发生率也有所下降。为了解一项结合咨询的教育项目对患者的影响,Gordon 等对 157 名参加该项目的恶性肿瘤患者(混合癌种)进行了调查,在患者出院后第 3 个月和第 6 个月对其进行了评估。结果显示,与两个对照组的 151 名患者相比,接受综合干预的患者的抑郁、焦虑和敌对情绪有所下降，同时其回归日常生活和户外活动的能力也有较大提升，但单纯的教育干预则没有显示出同样的效果。Pruitt 等将混合癌种的患者随机分成两组。其中一组给予 3 次教育性干预，而另一组作为标准对照，结果显示，两组患者的知识水平并没有改变，但干预组患者的抑郁症状有所改善。Ali 和 Khalil 的研究评估了教育性心理干预对改善膀胱癌患者焦虑的影响，结果显示试验组在术后三天及出院前的焦虑水平显著低于对照组。Richardson 等将新确诊的恶性血液病患者随机分入对照组，或三个实验组中的其中一组。通过回归分析之后他们得出结论，对于新确诊的恶性血液病患者，疾病严重程度低、被分入教育性干预组（任何一组）以及患者对于别嘌呤醇的顺应性高，是提高患者生存率的预测因素。Fawzy 在新确诊的恶性黑色素瘤患者中进行的研究发现，接受心理教育护理干预的患者在第 3 个月的随访时，心理痛苦显著低于对照组，简明躯体症状指数（brief symptom index somatization）也显著降低，且较少运用无效的“被动顺从”应对策略。Weisman 等研究发现，无论教育性干预是以教授患者认知技巧训练为内容，还是以教给患者澄清、表达情绪以及明确个人问题的方法为内容均能够有效降低患者的心理痛苦。刘彦华等对我国肿瘤患者（n=112）的随机对照研究发现，接受教育性干预的患者焦虑情绪显著改善，提供教育性干预的途径包括：面对面谈话、电话咨询和发放教育宣传册。以上证据结果趋于一致，且随机对照研究没有明显缺陷，没有证据显示教育性干预会对患者产生不良影响。此外，很多关于恶性肿瘤患者心理干预的研究都将教育性干预作为综合干预的一部分，普遍应用于处于各个疾病阶段的恶性肿瘤患者，包括诊断期、手术期、康复期以及疾病晚期，帮助患者更好地管理疾病、管理症状、应对各类负性事件和负性情绪。

2018年发表的一项世界多中心的大样本（n=408）非随机对照研究报告显示，放疗医生在放疗计划制定之前以及放疗第一天给予乳腺癌患者教育性心理干预能够帮助患者减轻心理痛苦，更好地为接受放疗做准备。教育性心理干预的内容主要包括：放疗操作的步骤、接受放疗时可能会出现的感受以及如何缓解放疗前的焦虑情绪。因为该研究被试均为乳腺癌患者，且患者自愿选择是否接受干预，因此可能会带来取样偏倚，影响研究结果，今后还需要随机对照研究，在其他癌种的患者种进一步进行验证。

近年来出现很多基于互联网的在线教育性干预的研究。一项针对前列腺癌患者的随机对照研究（n=142）显示，对于过去五年内接受过治愈性治疗的前列癌患者来说，以CBT为基础的在线模块化心理教育干预能够有效减轻患者的心理痛苦，但该研究的样本量相对较小且样本的代表性不够（大部分患者之前接受的是放射治疗），还需要进一步的研究验证。

（三）推荐意见

1. 我们推荐临床医护人员通过面对面咨询、电话访谈、团体干预以及发放宣传资料的方法给予患者教育性干预（强烈推荐，中等质量证据）。

2. 我们建议教育性干预的内容要根据患者人群的不同而有所区别，例如诊断期患者所需要的干预内容主要是诊断和治疗相关信息，关于疾病的一些基本术语的含义等；治疗期患者需要给予治疗选择、疗效、药物不良反应及不良反应处理的相关知识；而康复期患者则需要提供康复相关的饮食、锻炼及心理应对方面的知识以及关于复查、自我监督和自我管理疾病的知识(弱推荐,中等质量证据)。

3. 如有条件,我们推荐的教育性干预除了提供信息和知识外,最好还能包括行为训练和应对技巧训练(弱推荐,中等质量证据)。

4. 我们建议教育性干预最好与支持性干预以及其他的心理干预方法联合应用,以获得更好地疗效(弱推荐,中等质量证据)。

5. 我们建议尝试通过网络及在线课程的方式为更多患者提供教育性干预(弱推荐,中等质量证据)。

第二节 专业的心理干预

一、背景

专业的心理治疗师除了能够为患者提供教育性心理干预和支持性心理干预之外,还可以利用其他多种干预方法来帮助恶性肿瘤患者。干预形式包括个体干预、团体干预、夫妻及家庭干预。而在某一干预形式下,又可以根据干预的理论依据而分成更细的类别如表 10-1。

表 10-1 恶性肿瘤患者常用心理干预方法

个体干预	团体干预	夫妻/家庭干预
• 支持治疗 • 认知行为治疗(CBT)	• 支持表达性团体(SEGT) • 短期结构性心理教育团体	• 晚期恶性肿瘤患者的夫妻治疗(聚焦亲密关系和生命意义)

续表

个体干预	团体干预	夫妻/家庭干预
• 认知分析治疗（CAT） • 正念疗法 • 叙事疗法 • 尊严疗法 • 写作情感宣泄疗法 • 意义中心疗法 • 接纳承诺疗法 • CALM 治疗 • 战胜恐惧疗法	• 意义中心团体 • 夫妻团体	• 性功能障碍的治疗 • 哀伤辅导

二、证据

（一）认知行为治疗

认知行为治疗（cognitive behavioral therapy，CBT）是通过帮助来访者识别他们自己的歪曲信念和负性自动思维，并用他们自己或他人的实际行为来挑战这些歪曲信念和负性自动思维，以改善情绪并减少抑郁症状的心理治疗方法。一项纳入20项研究的Meta分析显示，CBT能显著改善乳腺癌患者的疼痛和心理痛苦，但缺陷是该Meta分析纳入的随机对照研究样本量比较少。美国精神病学会诊疗指南指出，在心理治疗中认知行为治疗和人际心理治疗是改善重度抑郁最有效的方法。而英国国家卫生与临床优化研究所通过文献综述也指出，对成年慢性疾病共病抑郁的患者来说，认知行为治疗的疗效是最有确切证据的。2015年发表的一篇对早期乳腺癌生存者认知行为治疗随机对照研究的长期随访(干预后 11 年进行随访)发现，在术后及早接受认知行为治疗的干预对她们的远期心理社会功能和生活质量有积极影响。

(二)认知分析治疗

认知分析治疗(cognitive analytic therapy, CAT)是最近发展起来的一种综合性心理治疗模型，主要关注的是关系的发展与心理痛苦。CAT 符合有效治疗的一般标准，特别是对那些更“严重和复杂的”以及“难治性”的人格障碍。尽管这是一个相对较新的模型，但是近 10 年来越来越多的“正式”证据出现(自然观察或是对照研究均有)，虽然尚无专门针对恶性肿瘤患者的随机对照研究，不过已有针对边缘性人格和神经性厌食患者的研究，发现该治疗能够改善关系，减轻心理痛苦。

(三)正念减压训练

正念(mindfulness)是指自我调整注意力到即刻的体验中，更好地觉察当下的精神活动，并对当下的体验保持好奇心并怀有开放和接纳的态度。正念减压训练(mindfulness-based stress reduction, MBSR)是所有正念疗法中研究最多的，也是最成熟的一种治疗方法，该疗法能够帮助患者纾解压力，从认知上完完全全地接纳自己，因此适用于所有类别和分期的恶性肿瘤患者。大量研究表明，坚持正念减压训练的恶性肿瘤患者免疫功能可达到更健康的水平。一项 Meta 分析研究总结指出，正念减压训练对于改善恶性肿瘤患者心理症状的效果要大于对躯体症状的效果。2015 年的一篇 Meta 分析指出，正念减压疗法能够有效改善恶性肿瘤患者的焦虑、抑郁，但疗效持续时间尚未确定。

（四）接纳 - 承诺疗法

接纳 - 承诺疗法（acceptantce- commitment therapy，ACT）是一种基于现代行为心理学的心理干预方法，应用正念、接纳、承诺和行为改变来创造心理的弹性，能够接纳自己的认知，活在当下，选择适宜的价值观，并付诸行动。

ACT 疗法是让我们学会对自己的思想保持觉察，随时能够意识到那些阻止我们按照一致的价值观行事的想法。ACT 的目的是增加我们的心理弹性，让我们能够同时体验和接纳好的感受和不好的感受，让我们的行为能够创造更有意义更丰富的生活。

ACT 包括以下策略。

1. 了解并尝试用比喻或体验为导向的练习。

2. 将患者置于一种“创造性的绝望”状态。

3. 帮助患者区分一级痛苦和二级痛苦，接纳一级痛苦，认识并摆脱二级痛苦。

4. 帮助患者与自我伤害的语言和思维模式保持距离。

5. 帮助患者不带有任何预期和评判地去体验一种全新的自我。

6. 帮助患者了解他们自己的价值观，并制定相关的目标，并在每天的生活中坚持践行这些目标。

接纳 - 承诺疗法不仅适用于癌症患者，2017 年发表的一项质性研究，将接纳 - 承诺疗法以在线课程的形式用于癌症患者的配偶，并用质性研究了解他们接受干预的体验。他们认为干预帮助他们更好地应对负性情绪和负性思维，减轻他们的痛苦，并且让他们能够学会善待自己，澄清艰难的经验带给他们的价值。除此之外，他们感到干预支持能让他们获得新的观点，从感恩和更为积极的角度看待他们故事，也让他们和患病配偶的关系更加亲密。未来还需要有更多量化的研究来进一步明确这一干预对于患者配偶的疗效。

（五）战胜恐惧疗法

战胜恐惧疗法（conquer fear）是一种基于常识模型（common sense model，CSM）、接纳承诺疗法（acceptance commitment therapy，ACT）和自我调节执行功能模型（self-regulatory executive function，SREF）的一种短程个体心理治疗。治疗目的不是完全消除对于复发的担心，而是帮助高恐惧复发转移的人减少对这一问题的重视和关注，为未来制定目标，为他们的生活赋予目的、意义和方向。2017 年澳大利亚发表的一篇战胜恐惧疗法的多中心（纳入 17 个分中心）大样本（n=121）随机对照研究显示，战胜恐惧疗法在干预结束后即刻和干预结束后 3 个月和 6 个月对于减轻复发恐惧的疗效均优于对照组（注意力控制疗法）。

（六）叙事疗法

叙事疗法（narrative therapy）是在叙事理论的基础上形成的，叙事疗法关注来访者带到治疗过程中的故事、观点和词汇以及这些故事、词汇和观点对患者本人及周围人的影响。叙事治疗的基本方法可以在个体、夫妻和团体干预中应用。目前叙事治疗通常被应用于儿童、青少年和老年恶性肿瘤患者，恶性肿瘤患者团体治疗、居丧团体以及对护士和医生进行督导。叙事治疗是一种相对新型的治疗方式，2007 年 White 在去世前不久才刚刚从理论学和方法学中建立了一致的、清晰的叙事治疗理论。截至目前，有关叙事治疗效果的研究数量十分有限。

（七）尊严疗法

尊严（dignity）是一种有价值感、被尊重或尊敬的生活状态，对于濒死的患者来说，尊严还意味着要维持躯体舒适、功能自主、生命意义、灵性慰藉、人际交往和归属关系。尊严疗法（dignity therapy）是对生存期已很短暂的患者所面临的现实困难和心理社会痛苦施予的帮助，其独特性在于鼓励患者追忆生命中重要的、难忘的事件，并以此提高他们的生活质量。尊严治疗更多地是在接受姑息治疗的晚期恶性肿瘤患者中进行的。第一项尊严治疗的临床研究在2001—2003年间进行，入组了100例患者，绝大部分是晚期患者，中位生存时间为51天。91%的患者对尊严治疗感到满意或很满意；86%的患者认为治疗有帮助或很有帮助；76%的患者认为他们的尊严感得以强化；68%的患者目标感更强了；67%的患者认为活着的意义更大了；47%的患者认为活着的信念增加了。尊严疗法让患者更多地感受到了生命的意义和目标，痛苦程度也较低。对于家庭成员来说，78%的人认为尊严治疗时留下的记录有助于他们度过居丧期，并延续成一份慰藉的源泉。2017年发表的一篇纳入28项研究的系统综述显示，对于那些身患威胁生命的疾病的患者来说，尊严疗法能够使他们获益，其中一项高质量的随机对照研究（n=60）显示，对于心理痛苦水平高的患者，尊严疗法能够显著改善患者的焦虑、抑郁情绪，其他研究显示尊严疗法能够改善患者在生命末期的体验。对于心理痛苦水平比较高的患者来说，能够在尊严疗法中获益更多。

（八）写作情感宣泄疗法

写作情感宣泄疗法又称为表达性写作干预（expressive

writing intervention, EWI),是让参与者将自己有关创伤最深的想法和感受写下来,尤其是那些自己之前从未对别人谈起的想法和感受。虽然文献普遍认为,该疗法有利于促进心理和身体健康,但结果仍不明确,并且有的研究还得出了无效结论,甚至有些研究得出了加重症状的负面结论。Frattaroli 的一篇 Meta 分析显示,男性、身体状况较差且应激水平较高、创伤性事件发生时间较近的参与者更有可能在该疗法中获益。2019 年,上海的一项纳入 90 例 Ⅰ ~ Ⅲ 期乳腺癌患者的随机对照研究显示,让患者在化疗期间写出癌症经历中积极的感受或写出与癌症经历相关的现实(每周 30 分钟,连续 4 周)都能够提高患者化疗期的生活质量。

(九)支持 - 表达性团体心理干预

支持 - 表达性团体心理干预(supportive-expressive group psychotherapy, SEGT)最初是为转移性乳腺癌患者设计的,主要目的是帮助这些患者应对生存危机的严峻考验。目前该疗法除了主要被应用于乳腺癌患者外,也被应用于其他类型的恶性肿瘤患者,是一种密集的,每周一次的团体心理治疗,处理恶性肿瘤患者所面临的最基本的生存、情绪及人际关系问题。关于 SEGT 是否能有效改善原发性乳腺癌女性心境和适应的研究结果还不甚明确。尽管非随机实验提供的初步证据显示 12 周的 SEGT 就能让原发性乳腺癌患者获益,一个多中心的随机对照实验却没有发现明显的心理获益。一个对患原发性乳腺癌的女同性恋者的研究发现,12 周的 SEGT 减轻了她们的心理痛苦、创伤应激症状,提高了她们的应对能力,但没有预期到的结果是患者的实际支持和信息支持减少了。

（十）意义中心疗法

意义中心疗法有两种干预形式，一种是意义中心团体（meaning-centered group psychotherapy，MCGP），其本质上还是一种教育性团体，通过让患者学习 Frankl 关于意义的概念，并将意义来源转化为自己应对晚期恶性肿瘤时的一种资源，其目的是改善患者的灵性幸福和意义感，并减少焦虑和对死亡的渴求。该治疗主要适用于预后不良的进展期恶性肿瘤患者，且身体状况允许患者参加团体活动（如卡氏评分＞50）。如果患者有中等强度及以上的心理痛苦（如心理痛苦温度计评分＞4），且主要为情绪问题和灵性/信仰问题，该疗法尤为适用。2015 年发表的一篇关于意义中心疗法的大样本随机对照研究显示，该疗法能够显著改善进展期恶性肿瘤患者的心理痛苦、生存痛苦和灵性痛苦，且干预效果显著优于支持性团体。

意义中心疗法还能够以个体心理治疗的方式进行，2018 年发表的一篇意义中心疗法的大样本随机对照研究（n=321）显示，意义中心疗法个体心理治疗能有效降低进展期恶性肿瘤患者的存在痛苦。相对于一般治疗有小到中度效应量，相对于支持性心理治疗也有小效应量。

尽管意义中心疗法最初是为进展期恶性肿瘤患者设计的，但近年来，也有研究者将这种疗法进行了一些调适，并应用于完成了治愈性治疗的癌症生存者，且同样有效。调适包括将之前治疗中有关生命末期和死亡相关的议题改为与生存者生命的意义相关的议题，并增加一些正念的内容。调适后的议题包括意义的来源，患癌之前和之后生命的意义，未来的生命的故事，意义的经验来源，生命的课程，这一疗法对于有抑郁症状的男性最为有效。

（十一）夫妻团体

这项干预的主要目的是帮助夫妻处理认知、情感及社会问题，促进配偶双方的心理调适，同时增进夫妻间的亲密度。该活动适用于诊断为0期（导管原位癌）至ⅢA期乳腺癌患者。已婚或者有稳定的伴侣关系，无严重精神疾患或药物滥用状态，这些患者须经过积极治疗。干预过程只有6次，每次90分钟，每个团体包含3~5对配偶。因为时间短暂，严格来说这并不是一项治疗，不适用于有严重心理痛苦的夫妻。已有大样本（n=238）的随机对照研究证实了该干预能够显著缓解患癌夫妻的心理痛苦。

（十二）晚期恶性肿瘤患者的夫妻治疗

夫妻关系的质量与每个人的心理适应能力密切相关，包括能否适应临终阶段，能否平稳进入居丧期。如果这个过程中夫妻之间是相互支持并且无话不谈的，那么对于双方来说都是至关重要的心理痛苦缓冲剂。Kuijer 等采用设置等待组的随机对照研究证实一项包含5次治疗的夫妻干预能提高夫妻关系质量，减少误解，并促进夫妻之间的相互支持。McLean 和 Nissim 的案例分析研究也证实，夫妻干预能够帮助一些晚期恶性肿瘤患者夫妻处理情感互动中的分歧。2012年的一篇关于对恶性肿瘤患者的夫妻干预的系统综述指出，夫妻干预的效果至少不低于单单针对患者或患者配偶一方的干预，而且有证据表明夫妻干预能强化双方的心理社会适应能力，但目前这种干预还没有广泛应用于临床。

（十三）性功能障碍的干预

早在1981年，Derogatis 和 Kourlesis 就已报道，恶性肿瘤治疗后多数患者会有性方面的问题。恶性肿瘤患者治疗相关的性功能障碍常由于性行为的生理、心理和社会维度的改变和性反应周期一个或多个阶段的中断引起。性功能障碍干预的第一步是性教育，另外，一些辅助的药物或工具会对患者有帮助。Schover 报道，患者往往更喜欢从医护人员那里获取知识，而不是被转诊到性专家那里。证据表明，在谈及性问题后，医护人员、患者及其伴侣之间建立起了更为亲密的联系。如果性生活对他们很重要的话，患者愿意尝试使用任何能够改善性功能的方式。如果干预无效，他们也会对有人曾试图帮助他们而心存感激。

（十四）CALM 治疗

加拿大玛嘉烈公主癌症中心 Rodin 教授团队开创了一种新的个体心理治疗方法，通过半结构化设置为进展期恶性肿瘤患者提供简短的个体心理干预，称之为癌症管理管理与生命意义（managing cancer and living meaningfully，CALM）。该心理治疗模式包含 3~6 次治疗，每次治疗持续 45~60 分钟，可根据临床需求增加两次额外治疗。CALM 涉及四个治疗领域：①症状管理及与医务人员的沟通；②自我变化和与亲人间的关系变化；③灵性健康或寻找生存意义和目的；④进展期疾病照顾计划和生命末期相关的话题（思考将来、希望和死亡），为治疗师提供了基本的治疗框架，便于统一治疗模式并使治疗过程易化，同时也有助于开展进一步的研究工作。CALM 治疗弹性较大，一般首次治疗要求必须对患者进行面对面的治疗，其后的治疗过程如果限于交通和其他不便因素，可通过电话、视频等方式进行。由于易操作性，不仅心理治疗师可使用，其他通过培训的社工、精神科医生、肿瘤科医护人员均可使用这种模式为进展期患者提供帮助。该治疗特别适用于刚诊断为进展期恶性肿瘤的患者，2017 年发表的一篇关于 CALM 治疗疗效的高质量大样本随机对照研究（n=305）显示，CALM 治疗能够显著改善进展期恶性肿瘤患者的抑郁情绪，帮助他们更好地应对预期的挑战，并且没有观察到 CALM 治疗给患者带来任何的不良反应。

（十五）治疗性生命回顾

生命回顾干预是协助生命末期的患者回顾整个生命历程，从比较正面的角度重新诠释旧的生活经历，通过重新整理、分析、评估过去的岁月，达到生命的整合，为即将到来的死亡做好准备。2017 年发表的一篇纳入 12 项研究的 Meta 分析显示，治疗性生命回顾对于接近生命末期的患者在改善灵性健康、心理痛苦和生活质量方面是潜在获益的，但随机对照研究的数量非常有限，研究的方法学设计也不够严谨，未来还需要设计更为严谨的随机对照研究来进一步验证该干预方法的疗效。

（十六）哀伤辅导

最为常用的是以家庭为中心的哀伤疗法（family focused grief therapy，FFGT）模型，这一模型特别适用于功能不良的家庭。该干预适用于两种功能失调家庭和中等功能的家庭。两种功能失调家庭，其中一种是敌对家庭，其特点是高冲突、低凝聚力和低表达力，且往往拒绝帮助；另一种是沉闷家庭，这种家庭在沟通状态、凝聚力和解决冲突的功能方面也存在障碍，但他们的愤怒是无声的，且他们愿意寻求帮助。而中等功能家庭则表现出适度的凝聚力，但在丧亲的压力下家庭功能趋于恶化。最初可信的证据来自于澳大利亚的随机对照试验，该研究将 81 个家庭（363 人）按 2∶1 的比例随机分为两组，分析时应用了广义估计方程，对肿瘤部位进行了配对，且进行了意向性分析。FFGT组的患者家属在患者去世后第13个月时的哀伤感明显减轻。基线时症状和抑郁量表分值较高的个体的哀伤和抑郁程度均有明显改善。中等功能和沉闷的家庭倾向于整体各个方面的改善，然而在敌对家庭中治疗对抑郁的影响相对较小。

三、推荐意见

1. 对于抑郁患者特别是重度抑郁的患者，我们推荐认知行为治疗作为首选的心理治疗方式（强烈推荐，高质量证据）。

2. 如果患者的心理问题严重且复杂，或患者有人格障碍，可以建议他们去接受认知分析治疗（弱推荐，低质量证据）。

3. 无论恶性肿瘤种类和分期，可以向所有患者介绍正念减压训练（强烈推荐，高质量证据）。

4. 当治疗对象是儿童、青年人或老年人时，可以尝试使用叙事治疗的方法（弱推荐，低质量证据）。

5. 推荐处于生命末期但意识清楚，并具有一定精力和体力的患者接受尊严疗法（强烈推荐，中等质量证据）。

6. 对于新近发生过创伤事件、患者身体状况差、应激水平高的患者，特别是男性患者可以推荐其使用表达性写作（弱推荐，低质量证据）。

7. 当患者因为疾病进展而面临生存危机、情绪及人际关系问题时，我们建议使用支持 - 表达团体干预，对于转移性乳腺癌患者尤为适用（弱推荐，中等质量证据）。

8. 当患者处于疾病终末期，因为情绪问题或灵性问题而有中度以上心理痛苦，且体力尚可（KPS > 50 分）时，推荐使用以意义为中心团体干预（强推荐，高质量数据）。

9. 早期（0~ⅢA 期）且结束了积极治疗的乳腺癌患者，有稳定的伴侣关系，但因为患病和治疗的原因影响了夫妻关系并存在负性情绪的，可以推荐使用夫妻团体干预（弱推荐，中等质量数据）。

10. 对于晚期恶性肿瘤患者（特别是生存期在 1~2 年以内的），如果夫妻双方或其中一方出现心理痛苦，如果条件允许，建议使用夫妻干预（弱推荐，中等质量证据）。

11. 建议肿瘤临床的医护人员主动询问患者性功能方面的问题，对于有需求的患者给予一些改善性功能的基本指导或是转诊至肿瘤心理或精神科专业人员（强烈建议，低质量证据）。

12. 对于功能失调或中等功能的家庭，在姑息治疗期或居丧期推荐使用以家庭为中心的哀伤干预（强烈建议，中等质量证据）。

13. 对于进展期恶性肿瘤患者，特别是生存期大于 6 个月，存在抑郁情绪和存在痛苦的患者，推荐使用 CALM 治疗或个体意义中心疗法（强烈推荐，高质量证据）。

14. 对于完成了治愈性治疗但存在中高度转移复发恐惧的恶性肿瘤患者，推荐使用战胜恐惧疗法（强烈推荐，高质量证据）。

15. 对于处于生命末期（生存期在 6 个月以内）的恶性肿瘤患者，推荐使用尊严疗法改善患者的生命末期体验（强烈推荐，高质量证据）。

第十一章

不同肿瘤类型患者的特定心理社会问题

第一节　乳　腺　癌

一、背景

中国女性乳腺癌发病率为268.6/10万，是中国女性发病率最高的恶性肿瘤，占女性所有恶性肿瘤病例的15.1%。在亚洲，女性乳腺癌发病年龄峰值在40~50岁，中位年龄是48岁，比西方国家早10年。

乳腺癌的诊断及其治疗都有可能给患者带来心理痛苦。国内调查显示，乳腺癌患者的抑郁患病率为11.6%~52.9%，焦虑的患病率为14.9%~61.9%，因不同调查使用量表不同，故结果差异比较大。中国香港的研究者发现，中国乳腺癌患者在被诊断为乳腺癌后，其心理痛苦轨迹可分为4种类型：大约有66.3%的患者呈现立即复原型，也就是说这部分患者自诊断起便一直维持着比较低的心理痛苦水平；有11.6%的患者属于逐渐恢复性，这部分患者在诊断初期的心理痛苦水平是比较高的，但随着时间的延长，心理痛苦水平逐渐降低，大约在诊断后4~8个月的时候心理痛苦水平逐渐稳定在一个比较低的水平；有 6.6% 的患者属于延迟恢复型，这部分患者在得知诊断后，心理痛苦在一定时间逐渐加重，大约在诊断后 4 个月，心理痛苦最平达到最高，之后缓慢下降，在诊断后 8 个月降至比较低的水平；还有 15.4% 的患者属于慢性痛苦型，这部分患者自诊断起就呈现出比较高的心理痛苦水平，且心理痛苦不会随着时间延长而缓解，在诊断后 8 个月依然维持在与刚得知诊断时类似的较高的心理痛苦水平。随访研究显示，这部分患者如果得不到干预，会长期存在心理痛苦，甚至在诊断后第 6 年的心理痛苦水平依然显著高于其他患者，且社会适应及生活质量显著低于其他患者。纵向研究表明，有 49%（95% *CI*：45%~54%）的术后的乳腺癌患者的心理方面的共病会持续到术后 8 个月或更长时间。

二、证据

（一）躯体状况影响心理状况

影响乳腺癌患者生活质量的症状包括：缺乏活力、焦虑不安、疼痛、睡眠不好、便秘、急躁易怒、口干、出汗、手脚感到麻木或刺痛、皮肤改变、腹泻、恶心、没有食欲、气促或呼吸困难，它们可以共同解释乳腺癌患者整体生活质量评分总变异的 79.0%。以上症状既有躯体症状又有心理症状。2008 年对上海市乳腺癌患者的大样本调查（n=1 172）显示，乳腺癌患者存活期、诊断时的分期、治疗状况、体能（KPS）评分和疼痛评分是患者抑郁发生率的重要影响因素。那些存活期长、诊断时分期较早、接受手术治疗、KPS 评分在 80 分以上，没有疼痛的患者抑郁的发生率较低。2013 年对北京 255 例乳腺癌患者进行的研究显示，躯体症状与焦虑、抑郁情绪呈正相关（r=0.56，r=0.44，$P < 0.01$）。有重度躯体症状的患者焦虑、抑郁发生率分别为50.0%和42.3%。研究表明，手术类型并不会影响患者术后心理共病的风险，但如果患者在术前对于手术类型的决策有困难通常能够预测患者在术后较长时间存在心理共病的风险较高。

（二）乳房缺失对夫妻关系及性关系的影响

国外研究显示，33%的患者认为乳房切除术对夫妻关系有负面影响，31%的患者认为自己的吸引力减弱，30%的配偶认为她们吸引力减弱，80%的年轻患者和58%的老年患者在性生活的过程中会有意遮盖自己的身体。对186例术后一年的、年轻（年龄25~45岁）的早期乳腺癌患者调查显示，57%的患者在性生活过程中存在润滑障碍，53.8%的患者存在性满足障碍，42.5%的患者存在性欲障碍，37.0%的患者存在性唤起障碍。其中，接受激素治疗的患者报告更多性功能障碍（P=0.006）。接受过放疗、化疗和激素治疗的乳腺癌患者其性功能障碍的发生率是同年龄健康女性的6倍。晚期乳腺癌患者性关系方面的困扰与抑郁呈显著相关，患者与配偶的沟通方式在性关系困扰与抑郁间起到调节作用。即如果患者能与配偶更开放地交流性关系方面的困扰，那么这些困扰导致抑郁的可能性就会降低。国内这方面研究较少，2003年对90例乳腺癌术后乳房缺损患者的心理调查中，有58%的患者报告有性欲减退。2009年国内一项对乳腺癌患者根治术后婚姻体验的质性研究显示，术后患者感到婚姻质量下降，对婚姻的前景和期望值降低，性生活减少甚至消失，患者对婚姻状况的改变感到自责和无能为力。

(三)体象痛苦和低自尊

国外研究显示,接受乳房全切的患者会比接受保乳治疗的患者体验到更多体象痛苦和低自尊的问题,特别是年轻患者在保乳手术后会有更多体象方面的获益。年轻、还在工作以及治疗后出现脱发、上肢水肿等不良反应往往预示着患者更容易出现体象痛苦;而年轻、治疗后不良反应、社会支持差则预示着患者更容易出现低自尊的问题。国内调查也显示有 64% 的乳房缺失患者会存在体象障碍的问题。2014 年中南大学的张劲强等对乳腺癌患者体象问卷中文版(the body image after breast cancer questionnaire-Chinese version, BIBCQ-C)进行了信度、效度检验,总量表的 Cronbach's α 系数为 0.90,6 个因子的 α 系数为 0.62~0.87;总量表的条目间平均相关系数为 0.16,6 个分量表的条目间平均相关系数为 0.21~0.57;总量表及 6 个因子的重测信度均在 0.6 以上;验证性因素分析结果支持该量表的 6 个因子结构;BIBCQ-C 总量表与抑郁和焦虑症状得分呈显著相关(r=0.20, r=0.21, $P < 0.01$),证实了该问卷能有效评估乳腺癌患者的体象状况。2016 年发表的一篇年轻乳腺癌生存者体象问题的系统综述显示,年轻患者更希望进行乳房重塑,年龄在 60 岁以下的乳腺癌生存者接受乳房重塑手术后有显著的体象获益,而 60 岁以上的生存者接受乳房重塑手术后的体象获益则不显著。对于年轻乳腺癌生存者来说体象问题与性生活质量、情绪问题、亲密关系显著相关。

(四)对乳腺癌复发的恐惧

国外一项对乳腺癌长期生存者(生存期在 10 年以上)大样本(n=2 671)调查显示,即便生存期已经超过 10 年,几乎所有接受调查的被试都存在着对恶性肿瘤复发的恐惧，其中 82% 为轻度恐惧，11% 为中度恐惧，6% 为重度恐惧。另有研究显示，在恐惧转移复发的患者中，43% 符合疑病症的筛查标准，36% 符合焦虑的筛查标准。2015 年发表的一项纵向研究（n=396）追踪了乳腺癌患者从术前到术后 6 个月对复发恐惧的变化情况，研究发现非独居患者、体验到更多灵性生活的改变、焦虑水平高、应对困难的患者术前对复发恐惧的水平更高，那些术前复发恐惧水平高而整体健康状况好的患者在术后对复发的恐惧在短期内下降最明显。

（五）生育方面的需求

国外有研究综述报道，很多年轻乳腺癌患者会有生育方面的困扰。大部分年轻乳腺癌患者都需要接受化疗。英国的临床指南要求，对于有生育要求的患者，如果患者身体状况允许，应当在其治疗前就采用低温贮存技术帮其保留卵子或胚胎以备日后生育。为了减少复发，通常会建议患者在治疗结束两年后再怀孕，如果患者接受激素治疗，通常会建议患者在治疗结束 5 年后再考虑生育。

（六）乳腺癌带来的积极的心理改变

乳腺癌除了给患者带来一些负面的心理影响之外，也会给患者带来一些积极的心理改变，例如创伤后成长。国内的一项纵向研究（n=155）追踪了乳腺癌患者在诊断后 3 个月、6 个月和 9 个月对于创伤后成长的变化，发现创伤后成长在诊断后 3 个月已经出现，且随着时间的延长会逐渐增加，随着创伤后成长的逐渐增加，患者的心理痛苦会呈现下降趋势。

（七）乳腺癌患者未满足的支持需求

2018 年发表的一篇关于中国乳腺癌患者支持需求调查（n=268）显示，60.2% 的乳腺癌患者有中到高度支持需求，只有 13.3% 的患者表达没有支持需求。无论是城市患者还是农村患者，大部分未满足的需求集中在对医疗卫生系统的信息需求。城市患者比农村患者有更多心理支持的需求，如表 11-1、表 11-2。

表 11-1　中国农村乳腺癌患者位列前十位的未满足需求（*n*=121）

需求的内容	需求的种类	人数（%）
1. 有人告诉你做哪些事情可以促进康复	信息	81（66.9）
2. 获得关于管理疾病和控制治疗不良反应的家庭护理方面的书面材料（文字、表格、图片）	信息	77（63.6）
3. 害怕癌症扩散	心理	70（57.8）
4. 当恶性肿瘤被控制或肿瘤缩小时，及时被告知病情缓解的消息	信息	69（57.0）
5. 获得专业的咨询	信息	67（55.4）
6. 就个人医疗内容的重要部分获得书面资料	信息	65（53.7）
7. 医护人员能够理解并敏锐地感知你的感受和情绪方面的需求	信息	59（48.8）
8. 在选择治疗前被充分告知治疗的获益和副反应	信息	58（47.9）
9. 医护工作人员能够对你躯体照护的需求迅速做出反应	患者照护	54（44.66）
10. 你可以和一位医护人员倾谈病情、治疗及复查事宜	信息	52（43.0）

表 11-2　中国城市乳腺癌患者位列前十位的未满足需求（n=143）

需求的内容	需求的种类	人数（%）
1. 有人告诉你做哪些事情可以促进康复	信息	68（47.6）
2. 对未来的不确定感	心理	66（46.2）
3. 害怕癌症扩散	心理	66（46.2）
4. 当恶性肿瘤被控制或肿瘤缩小时，及时被告知病情缓解的消息	信息	65（45.5）
5. 获得专业的咨询	信息	63（44.1）
6. 担心身边亲近的人为自己而忧虑	心理	62（43.4）
7. 关于要看哪些肿瘤专家有更多的选择	患者照护	59（41.3）
8. 在选择治疗前被充分告知治疗的获益和副反应	信息	56（39.1）
9. 医护人员能够理解并敏锐的感知你的感受和情绪方面的需求	信息	52（36.4）
10. 不能去做那些过去习以为常的事情	身体方面	51（35.7）

三、推荐意见

1. 推荐对乳腺癌患者的心理痛苦（特别是焦虑、抑郁）进行早期筛查，特别是在刚诊断时、诊断后 4 个月、8 个月等，对于筛查出的心理痛苦水平较高的患者给予干预或转诊至肿瘤心理科或精神科（强烈推荐，中等质量证据）。

2. 对于有重度躯体症状或体能状况差（KPS 评分＜80 分）的患者应注意评估其心理状态（强烈推荐，中等质量证据）。

3. 在术前对手术类型决策困难的患者，应关注其术后情绪的变化，及时评估其心理状态（强烈推荐，中等质量证据）。

4. 对于乳房缺失的患者，特别是年轻仍然在工作的患者应给予体象方面的评估，推荐使用乳腺癌患者体象问卷中文版（BIBCQ-C），对于有体象障碍的患者应给予必要的信息支持（义乳、乳房重建）或转诊（肿瘤心理科、精神科、整形外科）（强烈推荐，低质量证据）。

5. 应当关注患者对乳腺癌复发的恐惧，并给予专业上的解释，如果患者恐惧程度强烈，并伴有焦虑，甚至有疑病倾向应转诊至肿瘤心理科或精神科（强烈推荐，高质量证据）。

6. 对于年轻乳腺癌患者，在开始治疗前应了解其是否有生育方面的需求或顾虑，并给予信息方面的支持和指导或转诊至专业的生育机构进行咨询（弱推荐，低质量证据）。

7. 重视患者，特别是年轻患者对于信息的需求，在沟通时能够邀请患者提问。如果因为时间不够不能充分沟通时，也尽量通过书面材料、图片等满足患者对于诊断、检查、治疗、康复等方面的信息需求（强烈推荐，中等质量证据）。

8. 主动询问患者是否有心理支持方面的需求，并帮助有需求的患者获得专业的心理支持（强烈推荐，中等质量证据）。

第二节　胃肠道肿瘤

一、背景

本部分所提到的胃肠道肿瘤包括食管癌、胃癌和结直肠癌。胃肠道肿瘤在我国的发病率很高。最近一次全国恶性肿瘤发病分析显示，胃癌和食管癌发病率分别位列第二和第三，结直肠癌发病率位列第五。国内有研究报道，消化系统肿瘤患者普遍存在抑郁情绪，化疗前抑郁发生率为 33.0%，化疗后的抑郁发生率为 35.9%，化疗后患者抑郁发生率显著高于化疗前。另有研究报道，胃肠道恶性肿瘤在诊断初期呈中等程度的焦虑，大约 1/4 的患者有抑郁，焦虑与抑郁得分为中度相关，年轻患者的不良情绪表现更为明显，焦虑得分和生活质量大多数维度得分在半年中较稳定，但半年后患者的抑郁程度加重，生命质量中的婚姻关系维度、性关系维度得分下降。在职人员、自费、婚姻不和谐、家庭收入低、平素身体状况差、对疾病及手术有恐惧、担心给家庭增加负担、有严重并发症、疾病分期晚的胃肠道恶性肿瘤患者更易产生焦虑、抑郁情绪。国外研究显示，大约有一半的胃肠道肿瘤患者对疾病进展有高度恐惧，而患者对疾病进展的恐惧程度与患者病情和治疗情况无关，但与恐惧程度低的患者相比有更强的心理痛苦，功能受损以及很难为自己的未来做计划。

在心理社会肿瘤学研究中，关于结直肠癌患者的研究比较多，因为结直肠癌患者术后 5 年总体生存率在 60% 左右（包括带瘤生存患者）。结肠癌患者根治性切除术后 5 年生存率一般为 60%~80%，直肠癌为 50%~70%；Dukes A 期患者根治性切除术后的 5 年生存率可达 90% 以上，由于生存期比较长，这部分患者的心理社会需求备受关注。

二、证据

（一）食管癌

国内有研究报道，食管癌患者焦虑、抑郁的发生率为 48.9% 和 46.7%，而体能差和疼痛是食管癌患者发生焦虑、抑郁的重要影响因素。KPS 评分≤ 40 分的患者焦虑、抑郁发生率比 KPS 评分＞ 40 分的患者高 1 倍；疼痛组焦虑、抑郁发生率显著高于无疼痛组（75.0%：29.0%；57.1%：33.9%）。恐惧疾病、治疗不良反应、家庭支持差、治疗效果不理想、死亡威胁、照护问题、治疗费用也是食管癌患者焦虑的影响因素。食管癌术后化疗的患者常常会受到脱发、胃口差、体重减轻、反流、疲劳、失眠、恶心等症状的困扰，且症状困扰与焦虑抑郁相互影响。国内有随机对照研究报告，心理教育干预（包括手术、放化疗及康复的相关知识和信息）能够改善患者疲劳、食欲和进食、失眠等症状，提高患者术后近期（3 个月内）的生活质量。放疗是食管癌非常重要的常规治疗方法，有研究报道放疗前患者的焦虑抑郁水平显著高于正常，在放疗开始后约 4 周左右显著下降，放疗前的教育干预有助于缓解患者的焦虑、抑郁。

（二）胃癌

早在 20 世纪 80 年代，国内的张宗卫等就提出了负性生活事件、抑郁情绪等心理社会因素是胃癌发病的病因之一。1995 年，徐振雷等对比了 30 名胃癌患者和 50 名健康者，发现与健康组相比，胃癌组患者倾向于抑郁和情绪内泄，不表达愤怒；另外，还发现62%的患者在确诊前3年遭遇负性生活事件。2001年王建等对比了晚期胃癌患者、胃癌长期生存者以及健康人群（每组30人），发现与胃癌晚期患者相比，胃癌长期生存者更为外向，负性情绪较少，更多采取成熟的应对方式，其NK细胞水平也较高。2008年汪晓炜等的研究（胃癌组与健康人群各70例）进一步验证了上述结论。很多研究提到胃癌患者高发抑郁情绪，且情绪问题会影响患者的康复。

2017年韩国的一篇研究（n=229）报道，胃癌患者心理痛苦的发生率为33.6%，受教育水平低、肿瘤分期晚是高心理痛苦的预测因素。对于Ⅰ～Ⅲ期的胃癌患者来说，心理痛苦会影响患者的无病生存（disease-free survival，DFS），有临床心理痛苦的患者5年DFS率显著低于无临床心理痛苦的患者（60%：76%，P=0.49）。而对于Ⅳ期患者来说，心理痛苦会影响患者的中位总体生存（median overall survival），有临床心理痛苦的患者中位总体生存显著低于无临床心理痛苦的患者（12.2个月：13.8个月，P=0.019）。

2015年我国安徽省的一项研究对165名新诊断的胃癌患者在手术前使用心理痛苦温度计进行了心理痛苦筛查，结果发现76.97%的胃癌患者在术前存在临床显著的心理痛苦，且心理痛苦得分与胃痛、饮食限制和术前焦虑显著相关。患者对疾病的应对方式也会影响心理痛苦，应对方式与心理痛苦呈负相关，而回避、屈服、幻想的应对方式与心理痛苦呈正相关。

以色列的一项针对胃癌术后患者的研究（n=123）发现，胃癌患者对疾病的认知与年龄相关。相对于其他年龄组，年轻老年组（60~69 岁）对疾病的接受程度较高，心理痛苦较低。高龄老年组（70 岁以上）体验到更高水平的无助和心理痛苦，对疾病的接纳水平更低。

2017 年，韩国的一项纳入 52 对胃癌患者和照护者的研究发现，患者的抑郁情绪与年龄呈正相关，焦虑情绪与收入呈负相关。收入和社会支持对于焦虑的影响有交互作用，社会支持的增加能够减轻由于低收入带给患者的焦虑。但由于该研究样本量较小，未来还需要大样本的研究去验证这一结论。

2018 年，韩国一项纳入 163 名接受胃癌治愈性切除手术的患者的研究发现，胃癌患者接受治愈性切除手术后谵妄的发生率为 0.6%，而亚谵妄综合征的发生率为 11.9%。年龄大于 70 岁，受教育程度低于 9 年是发生亚谵妄综合征的独立危险因素。除此之外，术前焦虑、抑郁、睡眠障碍，术中镇静时间均未发现与亚谵妄综合征发生相关。

2017 年一篇关于进展期胃癌患者的研究（n=98）发现，抑郁组患者的血清 IL-2，IFN-γ 和 IL-17 水平显著低于非抑郁组，而 IL-4，IL-10，TGF-β1，CEA，CA-199，CA724，TK-1 和 sLAG-3 水平显著高于非抑郁组；CyclinD1，CDK4 和 E2F 在肿瘤组织的蛋白表达抑郁组显著高于非抑郁组。该研究提示，抑郁会抑制进展期胃癌患者抗肿瘤免疫反应，促进癌症细胞的增加，增加肿瘤负荷。

2013 年，张泓等对心理干预对胃癌患者焦虑和抑郁影响的 Meta 分析共纳入了 2007—2012 年，共 12 项临床对照实验，共 1 028 例胃癌患者，结果显示干预组抑郁、焦虑评分显著低于对照组，心理干预能够有效改善胃癌患者的焦虑、抑郁症状。后续国内又有文献报道，认知干预能够改善胃癌患者的失眠和焦虑、抑郁情绪以及团体心理干预能够改善胃癌患者的情绪和生活质量、促进康复。另外，康复期患者在护理人员的指导下在家中有规律地进行有氧运动也能够改善患者的情绪和生活质量。

（三）结直肠癌

国内一项调查（n=64）显示，结直肠癌患者抑郁和焦虑发生率分别为42.2%、20.3%，其中造口患者抑郁得分高于非造口患者，腹会阴联合直肠癌根治术患者抑郁得分高于非造瘘根治术患者，姑息手术患者抑郁得分高于非造瘘根治术患者。患者术前的焦虑、抑郁水平要高于术后。在接受术后化疗的结直肠癌患者中，53%的患者存在抑郁症状，57%的患者存在焦虑症状，且焦虑抑郁共病约41%，73%的患者存在睡眠障碍，术后化疗的结直肠癌患者存在认知损害，且认知损害程度与焦虑、抑郁及睡眠障碍呈正相关。国外对诊断12~36个月的结直肠癌患者的大样本（n=21 802）调查显示，失业、疾病复发或尚未治愈以及有造口的患者更容易体验到社会痛苦（social distress）；此外，年轻（$<$ 55岁）、居住环境差、疾病分期晚、正在做放疗、有家属需要照顾也是社会痛苦的高危预测因素。2015年，荷兰维多利亚大学开展了对晚期结直肠癌患者进行心理痛苦筛查和分层干预的TES项目研究计划，这是一项多中心随机对照研究，目前该研究还在进行中，其目的是将心理社会筛查和干预常规化和标准化。国外研究还发现，有胃肠功能紊乱和体象障碍的结直肠癌患者更容易发生焦虑、抑郁，而体象障碍是胃肠功能紊乱和抑郁间的中介变量，也就是说胃肠功能紊乱是通过影响患者的体象认知而引发抑郁的。

2018年发表的一篇对于结直肠癌患者性生活质量，体象痛苦的纵向研究（n=141），通过6个月的跟踪调查，发现性生活质量下降和体象痛苦在结直肠癌患者中很常见，女性、直肠癌患者要比男性、结肠癌患者体象痛苦更严重。直肠癌患者治疗对性功能的影响更为突出，随着病程延长，体象痛苦会趋于下降而性生活质量却不会改善。随着病程延长，体象痛苦和性生活质量下降都可能会导致更多的心理问题。

中国香港学者Lam等对结直肠癌患者未被满足的支持需求进行了调查（n=104），发现与乳腺癌患者类似，患者未被满足的需求主要是信息支持方面的，如表11-3。

表11-3　中国结直肠癌患者位列前十位的未满足需求

需求内容	需求的种类	人数（%）
1. 有一位医护人员，你可以和他倾谈病情、治疗及复查事宜	信息	58（55.7）
2. 当恶性肿瘤被控制或肿瘤缩小时，及时被告知病情缓解的消息	信息	51（49.0）
3. 告诉你做哪些事情可以促进康复	信息	48（46.2）
4. 就个人医疗内容的重要部分获得书面资料	信息	43（41.3）
5. 尽快告知你的检查结果	信息	37（35.6）
6. 就你所做的检查做出解释	信息	32（30.8）
7. 如果你本人、家属或朋友需要，能够获得专业的心理咨询	信息	33（31.7）
8. 在作出治疗选择前，把各种治疗的好处和不良反应充分告诉你	信息	27（26.0）

续表

需求内容	需求的种类	人数(%)
9. 获得关于管理疾病和控制治疗不良反应的家庭护理的书面材料(文字、表格、图片)	信息	26(23.1)
10. 医护人员会询问并关注你的感受和情绪方面的需求	支持	22(21.2)

三、推荐意见

1. 建议对胃肠道肿瘤患者进行常规的心理痛苦筛查，特别是在刚诊断时、术前、放化疗过程中关于焦虑、抑郁的筛查(强烈推荐，中等质量证据)。

2. 对于在职人员、自费、婚姻不和谐、家庭收入低、平素身体状况差、对疾病及手术有恐惧、担心给家庭增加负担、有严重并发症、疾病分期晚的胃肠恶性肿瘤患者，更要关注其情绪变化，必要时转诊至肿瘤心理科或精神科接受专业的评估和干预(强烈推荐，低质量证据)。

3. 对于有胃肠功能紊乱的患者要注意评估是否存在体象障碍和抑郁情绪，如果存在体象障碍或抑郁，需要转诊至肿瘤心理科或精神科接受干预(强烈推荐，低质量证据)。

4. 对于食管癌患者，建议在治疗前进行结构性的教育干预，包括以下几个方面。

(1)术前教育：①向患者讲解肿瘤以及治疗康复等方面的相关知识和手术的必要性，术前准备、术中配合及注意事项，术后插管的重要性，禁食的目的，手术费用等；②让患者坚定治疗疾病的信心，鼓励患者讲出顾虑，进行心理疏导，纠正患者对疾病的态度从而改善其情绪，为术后康复创造条件。

（2）术后教育：①向患者讲解术后消化系统生理功能的变化，合理饮食对提高生活自理能力的重要性，鼓励患者多进食高蛋白、高维生素、易消化的软食或半流质食物；讲明半卧位的意义、食管癌常见并发症的预防及功能锻炼等；②宣讲术后放/化疗的过程以及可能出现的不良反应及处理方法，带领患者参观放疗机房及设备，并嘱咐患者合理用药，养成好的生活习惯，戒除不良嗜好；③出院时要交代按时复查、按时服药的作用以及怎样做好自我护理等（强烈推荐，中等质量证据）。

5. 对于胃癌患者要更加关注患者是否有抑郁情绪，特别是晚期胃癌患者。对于性格内向、不善表达的患者更要关注，多与其沟通，必要时转诊至肿瘤心理或精神科接受专业的评估和干预（强烈推荐，中等质量证据）。

6. 对于结直肠癌患者，特别是有造口的患者，直肠癌患者，女性患者应该给予特别关注，评估其情绪、社会交往能力、体象问题、性生活质量。对于有体象问题的患者要注意评估其抑郁情绪（强烈推荐，中等质量证据）。

7. 对于结直肠癌患者，注意满足其信息方面的需求，最好有一名医护人员能与患者进行充分的沟通，邀请患者提问并倾谈其病情、治疗和康复的相关事宜（强烈推荐，低质量证据）。

8. 如果有条件可以对康复期的胃肠道肿瘤患者进行团体心理干预，在同一团体中的患者最好癌症诊断和分期类似，团体领导者中最好有了解疾病专业知识的胃肠道肿瘤专科医护人员，干预内容应包括结构性的教育，支持 - 表达和认知行为干预（强烈推荐，低质量证据）。

第三节　肺　　癌

一、背景

目前，肺癌仍是威胁全球人类生命健康的主要杀手之一。2015 年全国恶性肿瘤发病率为 429.16 万例，其中肺癌 73.33 万例；死亡 281.4 万例，其中肺癌 61.02 万例，均处首位。调查数据显示，我国肺癌患者的性别和城乡差异正逐渐缩小，其中女性和城镇居民人口正在逐年增加，因而心理社会问题也正在发生变化。作为预后较差的肿瘤，肺癌患者与其他肿瘤患者有许多相似的症状和问题，如疲乏、疼痛、失眠、抑郁、心理痛苦、负罪感、病耻感、生活质量下降、需求得不到满足等，但肺癌康复问题引起的心理痛苦以及心理需求未满足的情况多于其他肿瘤。在治疗的不同时期，肺癌患者的失眠、焦虑、抑郁、疲乏、生活质量水平都会出现不同的变化趋势，即使在抗肿瘤治疗结束后，有些症状也不会随之改善，甚至会加重，如抑郁等心理痛苦，这些痛苦可能影响患者的治疗决策，甚至缩短其生存期。一项前瞻性研究发现未缓解的抑郁症状与肺癌患者死亡率相关，而缓解后的抑郁症状对死亡率的影响与无抑郁症状的人群相似。但肺癌的部位及特点还伴有特定的躯体症状和心理社会问题，比如慢性咳嗽、呼吸困难、戒烟、重度抑郁发病率高等，并且躯体症状也会诱发或进一步加重心理症状，如呼吸困难引起焦虑、惊恐发作等，慢性咳嗽会引起睡眠障碍和耗竭感。尽管仍有许多难题需要攻克，但肺癌已不再是从前那个不可治愈的疾病，而且肺鳞癌比例的下降也减少了吸烟相关的负罪感或病耻感；腺癌比例的增加也让吸烟引起的负罪感和病耻感有所减轻。另外，信息和社会支持也比以前更易获得，使得许多患者得到更好的照顾。

二、证据

（一）生活质量下降

除了躯体症状和心理痛苦，生活质量下降也是肺癌患者面临的一大困难，生活质量在治疗决策中的作用越来越重要。目前肺癌患者的生活质量也大都采用 EORTC QLQ-C30 和 EORTC QLQ-LC-13 来评估。Ediebah DE 等对 391 名晚期非小细胞肺癌患者的生活质量进行了调查研究，他们发现生活质量的许多方面与肺癌患者的生存期长短有关。疼痛、吞咽困难分数增加与死亡风险增加相关，而躯体功能和社会功能分数增加与死亡风险下降相关，但是这些数据来自于一项前瞻性、多中心、随机选择的三期临床试验，这一结果更能代表基线状态较好、症状较少的患者。在与生活质量相关的其他方面上，新诊断为肺癌的患者中，最常见的症状是疲劳、疼痛、失眠和抑郁，还可能会有呼吸困难和咳嗽，最严重的症状可能是心理痛苦，诊断时的情绪问题、吸烟状态、工作问题也都是低生活质量的重要预测因素。Wang XS 等对局部发生转移（Ⅱb~Ⅲ期）的非小细胞肺癌患者进行的调查研究表明，63% 的患者在治疗期间存在两个及以上的中重度水平的生活质量相关症状，疲劳是治疗期间最严重的症状。美国一项针对 151 名晚期非小细胞肺癌患者的随机对照试验发现，早期的姑息治疗可以明显提高患者的生活质量和情绪状态，并且早期姑息治疗组患者的中位生存时间较常规姑息治疗组有显著增加（11.2 个月 ：8.9 个月，P=0.02）。

（二）情感痛苦

Graves KD 等的一项研究，发现被调查的 333 名在门诊就诊的肺癌患者中，62% 存在明显的痛苦，情感痛苦的预测因素有年轻、疼痛、疲劳、焦虑和抑郁。情感上的痛苦在肺癌患者中普遍存在，肺癌患者面临最多的是抑郁情绪，国内外的多项调查都报告了肺癌患者的抑郁症发病率是所有恶性肿瘤中最高的，包括重症抑郁的发病率。中国台湾地区一项收集了 104 名肺癌患者的研究中最常见的精神疾病史抑郁症（25.0%），其次是适应障碍（17.3%）、酒精使用障碍（3.8%）和睡眠障碍（3.8%），这些精神疾病与疲乏严重程度、压力源严重程度和焦虑程度显著相关；最常见的三种压力源是患者的健康问题、亲人或朋友的死亡、重大的经济危机。Uchitomi 等对 212 名非小细胞肺癌术后一年的患者进行了调查，结果显示术后抑郁的发生率为 5%~8%，并且持续 1 年以上没有变化；术后 1 年心理状况与诊断时存在抑郁或术后 1 个月左右发生抑郁，以及受教育水平低呈显著相关，但这一证据尚缺乏随机对照试验支持。既往有抑郁病史的人更易再次出现抑郁，并且随病情好转和时间的推进，很难自然缓解。抑郁很可能会影响患者的治疗决策，甚至影响生存时间，同时肺癌患者的自杀风险也高于其他肿瘤。Jane Walker 等在一项研究中对 142 名肺癌患者进行综合的抗抑郁治疗后发现，肺癌患者的抑郁情绪得到了很好的改善。国内也有研究发现，肺癌患者在接受心理治疗时，抑郁情绪改善较为明显，但部分研究的样本量偏小，还需要更多研究来支持。除了常规抗抑郁治疗方法外，新近的研究提示灵性可能是肺癌生存者情感痛苦的保护因素。

（三）吸烟与病耻感

尽管我们并不一定察觉到病耻感的问题，但肺癌患者在得到诊断时仍能体会到很强的病耻感和心理压力。肺癌患者比其他恶性肿瘤患者更能产生疾病相关的病耻感，因为他们仿佛被贴上了标签，认为他们自己吸烟导致了高致死率的肺癌和痛苦等，当他们听到治疗的负面评价或者受到歧视时，病耻感就可能出现或加重。病耻感会增加患者压力，导致消极应对，以至产生负面的心理和生理状态，增加心理社会问题的发生率。认知行为训练可以帮助改善自责和病耻感引起的一些心理社会问题，提高了患者生活质量。当然，戒烟应该是肺癌患者的一项重要课题，Walker MS 等对 154 名术前 3 个月内仍吸烟的肺癌患者进行了跟踪，发现部分患者在治疗期间仍然吸烟，近一半的非小细胞肺癌患者在手术后 1 年内复吸，六成以上的患者在术后 2 个月内复吸。吸烟不仅增加了罹患肿瘤的风险，也会增加手术、化疗和放疗并发症的发生几率。有文献支持对患者和家属进行早期戒烟干预，并且进行持续的支持和干预可以降低复吸率，但目前医疗机构和医生、护士关于戒烟干预支持较少。另有研究者发现，戒烟失败可能也会引起相关的情绪困扰，所以对于终末期的肺癌患者，如果吸烟难以戒除，且可以带来乐趣，可不提倡强制戒烟，但目前大多数医护人员对此持相对保守的意见，需要更多相关证据支持。

（四）小细胞肺癌的特殊问题

相比非小细胞肺癌，小细胞肺癌患者的躯体症状更加多，心理社会问题也更严重，常见的症状有疲乏、精力缺乏、呼吸困难、咳嗽、食欲丧失、睡眠障碍、焦虑、抑郁，以及化疗相关的脱发、厌食、恶心呕吐等。抑郁的症状也会影响小细胞肺癌患者的预后，但爱尔兰的一项研究发现在诊断小细胞肺癌后的 1 个月内引入缓和医疗并未明显改善患者的生存期，但这仍是改善患者生活质量的重要内容。同时接受放化疗的患者在生存时间延长的同时生活质量也随之下降，也承受了更多的痛苦。抑郁症状和无法集中注意力症状更为常见，一项对 987 名肺癌患者的研究中，小细胞肺癌患者抑郁的发生率是非小细胞肺癌患者的 3 倍，分别为 25% 和 9%。Hurny C 等的研究发现 127 名接受 6 周期化疗的小细胞肺癌患者中，总共有 43% 出现了中重度的疲乏，其中前两个周期症状较轻，第 3~4 周期化疗时疲乏症状加重，在第 6 个周期前症状再次减轻，疲乏的主要原因是疾病和化疗毒性。

三、推荐意见

1. 作为全球发病率最高的恶性肿瘤，且预后较差，肺癌及其治疗带给患者许多躯体症状和心理痛苦，但目前肺癌患者人群的特定心理社会需求仍未得到很好的满足。我们推荐对肺癌患者进行及时、有效的心理干预，以减轻其心理痛苦，提高其生活质量，进而对生存起到积极作用（强烈推荐，中等质量证据）。

2. 在影响肺癌患者生活质量的因素中，疼痛和吞咽困难对生存有负面作用，而躯体功能和社会功能的改善可以降低死亡风险。我们推荐及时地控制症状、进行功能锻炼，以及提供心理社会干预（强烈推荐，中等质量证据）。

3. 在肺癌患者的情感痛苦中，最常见的是抑郁，抑郁可能会加重其他症状的严重程度，甚至可能会影响治疗决策和结局，同时抑郁比较难以随时间和抗肿瘤治疗自行好转，但在心理干预中的反应良好。因此，我们强烈推荐密切关注肺癌患者的抑郁问题，并及时帮助处理（强烈推荐，高质量证据）。

4. 肺癌患者的自责和病耻感发生率高于其他肿瘤，且大多与吸烟相关，病耻感可能引起其他心理社会问题，我们推荐引入认知行为治疗进行干预（强烈推荐，高质量证据）。

5. 吸烟是肺癌的发病因素之一，戒烟有益于患者接受治疗和康复，但术后复吸的比率很高，我们推荐对戒烟有困难的患者进行心理支持或干预。建议医疗工作者学习戒烟干预相关知识，提供相应支持。戒烟失败可能会引起焦虑和抑郁等情绪困扰，如果戒烟对于疾病和健康改善的意义不大，且可以作为减压或乐趣所在，我们不建议强行戒烟（强烈推荐，低质量证据）。

6. 小细胞肺癌在肺癌中所占比例虽小，但其死亡率却高于非小细胞肺癌，同时小细胞肺癌患者的躯体和心理症状也要更加突出。化疗是患者痛苦的主要因素之一，同步放化疗的患者承受的痛苦更多。因此，我们推荐在治疗的同时注重控制小细胞肺癌患者的症状，包括躯体症状和心理症状（强烈推荐，中等质量证据）。

第四节　肝胆胰恶性肿瘤

一、背景

在所有的肿瘤中，肝癌、胆囊癌和胰腺癌的恶性程度较高，预后较差，生存时间短。在中国，原发性肝细胞肝癌的发病率仅次于肺癌和胃癌，居第三位（19.44/10 万），死亡率仅次于肺癌居第二位（16.84/10 万），且农村人口肝癌负担较重；肝内胆管癌（intrahepatic cholangiocarcinoma，ICC）在肝脏肿瘤中占 5%~15%，仅次于原发性肝细胞肝癌，中国的发病患者数占全球 ICC 发病总人数的 55%，早期病程隐匿，就诊时多处于晚期，总发病率约 0.95/10 万；胆囊癌由于早期发现率低，仅有约 10% 的患者可以进行治疗性的手术切除，所以致死率仍高居不下；胰腺癌的发病率居第十位（4.41/10 万），死亡率居第六位（3.92/10 万）。

目前的治疗手段尚不能有效地延长患者的生存时间，所以减少患者的痛苦、提高其生活质量应当作为治疗的重要方向。在这些肿瘤患者中，有许多特殊的或者相对较重的躯体症状，主要包括疼痛、食欲丧失、疲乏、黄疸、恶病质、腹腔积液、恶心、呕吐、腹泻等，心理社会方面的困扰主要有经济负担、抑郁、焦虑、失志（是指面临压力性事件或躯体疾病时出现的一组感觉，包括难以适应、无助、无意义、无能感、自我效能感低等，若持续超过两周可达到临床诊断标准）、病耻感（包括恶性肿瘤、乙型肝炎和丙型肝炎）等。胰腺癌患者可能同时伴随着体重下降、继发糖尿病、疲乏、抑郁等症状。预测胰腺癌预后的生活质量指标中最重要的三个因素分别是疲乏、食欲减退和角色功能。证据表明，目前国内的肝癌患者以农村比例较大，治疗条件欠缺，经济压力大也是值得关注的一点。在国内的一项调查中，研究者发现这部分患者对生理的需求要低于心理的需求，比如寻求家属安慰、得到家属肯定和鼓励等。症状控制的同时，亟须知识教育和心理社会支持来缓解这些患者的心理社会痛苦和灵性痛苦。目前针对肝胆胰恶性肿瘤患者的护理以躯体症状控制为主，包括对疼痛、焦虑、抑郁的非特异性治疗、与化疗相关的毒副反应的治疗和预防，营养和运动干预也被用来优化治疗的耐受性。

二、证据

（一）疼痛

由于原发性肝癌、胆管癌、胆囊癌，以及胰腺癌都是恶性程度较高，疾病进展较快，预后较差，生存时间较短的肿瘤。肝癌的躯体症状中最常见也是影响最大的是腹部疼痛，其疼痛发生率高，且持续加剧，疼痛还会加剧患者焦虑、抑郁和疲乏。胰腺癌患者的疼痛是腹腔肿瘤中发病率最高，且最严重的，也是胰腺癌不良预后的重要预测因素。研究者建议早期实行个体化的疼痛管理，包括阿片类药物、腹腔神经丛神经松解术、抗焦虑抑郁治疗等方法都可以联合应用，来获取最佳的护理。

（二）情感痛苦

胰腺癌患者伴有明显的焦虑、抑郁和睡眠障碍。Petzel MQ 等的研究发现，即使在行切除术后的 240 名胰腺癌患者中，也有近 1/3 的患者存在严重的复发恐惧，尽管这些患者的中位生存期达到 48 个月；他们还发现复发恐惧最重要的相关因素是焦虑等情绪功能受损和生活质量下降，而与病理诊断和临床指标无明显相关，但这项研究未能纳入一些症状多且重的患者，以及未能考虑婚姻、宗教和时间等因素，结果需要更多研究来支持。胰腺癌患者伴有抑郁时体内的炎症因子（主要是白介素-6）水平会升高，并且与抑郁的严重程度呈正相关。尽管大量研究已经显示胰腺癌患者发生抑郁的风险非常高，但是具体生理机制仍在探索之中，抑郁与胰腺癌疼痛的关系也还不确定，但早期干预抑郁症状对于提高胰腺癌患者生活质量具有重要作用。

（三）疲乏

瑞典的研究者发现生活质量是预测肝癌预后的重要指标，并且疲乏是其中的重要因素。疲乏对肝癌患者的影响也非常大，其持续时间长，影响范围广，且不能通过休息缓解，大部分患者的疲乏与恶性肿瘤本身、治疗方式、情绪状态（抑郁）等有关。Lai YH 等在一项前瞻性队列研究中发现肝脏放疗也会增加患者的疲乏，但是放疗前存在疲乏的患者主要受抑郁情绪和症状影响，而放疗后出现的疲乏主要受睡眠障碍影响，但两者的疲乏均在放疗后第 6 周时达到顶峰。国内外的研究也都发现胰腺癌患者中疲乏的发生率高于其他腹腔恶性肿瘤。疲乏给患者造成多方面的痛苦，涉及生理、心理、精神以及社会等，其中情感疲乏尤为明显，其次是躯体疲乏、行为疲乏和认知疲乏。

（四）食欲丧失

肝胆胰部位的肿瘤大多会影响患者消化功能，胰酶的使用可以帮助患者缓解一部分消化吸收障碍的症状，但需要医生给予明确的用药剂量和饮食建议，必要时可以求助营养科进行饮食调整。部分晚期患者因肿瘤侵犯或压迫十二指肠引起的症状，影响进食和吸收，可以借助支架来帮助患者提高生活质量。但医生在提供饮食建议是，需要注意患者的依从性。

（五）谵妄

谵妄经常出现在恶性肿瘤患者中，尤其是接受姑息治疗的患者。肝癌、胆囊癌和胰腺癌患者在终末期时，许多因素都会增加谵妄风险，如使用阿片、抗惊厥药、苯二氮䓬类、类固醇激素的药物，或存在感染、营养不良、活动受限、睡眠障碍、便秘、高胆红素血症、肝衰竭或肾衰竭、肺衰竭或缺氧、电解质紊乱、脑转移瘤等（详见第九章）。

（六）肝脏介入治疗和肝移植

肝动脉化疗栓塞（transcatheter arterial chemoembolization，TACE）是肝脏介入治疗中最常用的方法，患者经过 TACE 后常会出现疼痛、疲乏、发热、腹胀等症状，医生在治疗之前应给予足够的沟通解释，预防性镇痛也可以考虑应用于接受 TACE 患者的疼痛管理，Wang Q 等发现心理社会干预可辅助药物治疗来减缓栓塞后的疼痛，效果好于单纯药物治疗。国内有研究支持音乐治疗对改善 TACE 后的疼痛、焦虑和恶心呕吐有较好的效果，但需要更多的证据支持。肝脏移植是终末期肝病的重要治疗手段，同时也会带给患者和家属很大心理痛苦。Malik P 等人发现肝移植患者和家属最常见的问题是焦虑，其次是抑郁，并且家属的焦虑和抑郁通常从得知需要手术上开始，随着等待时间延长而加重，而患者的焦虑和抑郁程度趋于稳定，可能与患者并未“敞开心扉”有关。

三、推荐意见

1. 由于预后较差，肝胆胰恶性肿瘤患者躯体症状程度会更加严重，其中疼痛、疲乏最常见，同时伴有严重的情绪和情感痛苦，焦虑、抑郁和复发恐惧发生率高，这些症状也会影响患者的预后，我们强烈推荐给予更多症状控制和心理社会灵性方面干预（强烈推荐，高质量证据）。

2. 在预后极差的恶性肿瘤患者中，复发恐惧并未与临床指标和病理诊断呈明确相关，而与情绪功能损伤和低生活质量相关，焦虑是其中重要因素，医疗工作者应注意识别害怕肿瘤复发背后的原因（强烈推荐，中等质量证据）。

3. 胰腺癌患者中抑郁高发，我们推荐及时进行抗抑郁治疗，这对减轻患者心理痛苦，提高生活质量具有重要意义（强烈推荐，高质量证据）。

4. 肝脏和胰腺恶性肿瘤患者的疲乏发病率和严重程度高，受治疗方式、情绪状态和睡眠障碍影响，而且情感疲乏是非常重要的一方面，临床医生应该在治疗前进行良好的沟通和充分的社会支持以及症状控制，这可以帮助处理患者的疲乏等症状（强烈推荐，中等质量证据）。

5. 肝胆胰恶性肿瘤患者大部分会出现消化道症状，临床医生应该提供必要的药物和饮食建议，而且建议应尽量明确，确保患者能正确理解（强烈推荐，低质量证据）。

6. 谵妄在晚期肿瘤中发生率较高，临床医生应该提高谵妄的识别率，及时寻找谵妄发病诱因，控制症状（强烈推荐，中等质量证据）。

7. 肝癌患者可能需要接受肝动脉栓塞治疗或肝移植，临床医生应该在治疗前充分说明治疗后可能出现的并发症以及应对措施（包括预防性镇痛治疗），减轻患者痛苦，并关注家属的焦虑和抑郁情绪，给予心理和信息支持（强烈推荐，中等质量证据）。

第五节 恶性淋巴瘤

一、背景

2012年我国淋巴瘤发病率在所有肿瘤中排名第十一位，在女性肿瘤中排名第十；死亡率排到了第十位，女性患者死亡率排名第九位。近年来的数据显示，霍奇金淋巴瘤的发病率呈下降趋势，而非霍奇金淋巴瘤的发病率逐步升高。我国的淋巴瘤发病年龄平均为47.6岁，尤其在年轻人中所占的比例逐年升高。目前，尽管对淋巴瘤的治疗已经取得了一些进步，生存率也有了提升，但恶性淋巴瘤及其治疗仍然带给患者巨大的痛苦，严重地影响患者的生活质量。由于存在诸多痛苦和困扰，这些患者在完成治疗之后也会存在许多支持照顾需求，如心理需求和担心复发，而绝大部分肿瘤患者的需求没有表达或者未得到满足，需求得不到表达或满足的因素主要有负面情绪以及经历不良生活事件等，其中男性患者表达心理痛苦的比例低于女性患者。研究也提示部分患者可能会从针对性的心理治疗中获益，目前恶性淋巴瘤患者的心理痛苦识别率还非常低。

二、证据

（一）心理痛苦

有研究发现白血病或恶性淋巴瘤患者的中重度心理痛苦发病率（$>65\%$）不低于其他常见的实体肿瘤患者，国内研究者发现60%的淋巴瘤患者会出现焦虑或抑郁情绪。姜愚等使用心理痛苦温度计（distress thermometer）和医院焦虑抑郁量表(HADS)在恶性淋巴瘤患者中患者进行筛查,并对两种工具做了对比,发现DT在临床上使用更方便和更能被患者接受,并建议将DT在淋巴瘤患者中的临界值设为5(NCCN指南中建议全体恶性肿瘤人群的DT临界值为3或4)。研究证实B症状(发热、盗汗和体重减轻)是引起淋巴瘤患者的心理痛苦非常重要的因素,及时有效的处理这些症状可以减轻心理痛苦,提高生活质量。淋巴瘤侵犯到皮肤的患者也需要特别关注,其工作、生活和人际关系都会受到影响,比如夜间瘙痒严重时可能需要换一张单人床,对自己的外表形象不满意。给予社会支持和提供疾病相关信息会帮助患者减轻皮肤不适和人际交往困扰。

(二)生活质量下降

Thompson等证实诊断淋巴瘤时的生活质量水平是患者预后的独立预测因素。Oerlemans等总结发现恶性淋巴瘤患者的生活质量下降有一定规律:霍奇金淋巴瘤患者的问题主要集中在躯体功能、社会功能和认知功能。整体疲乏、有经济负担,并且霍奇金淋巴瘤的治疗方案采用多联药物,这使得年长患者和女性患者的生活质量进一步降低;而非霍奇金淋巴瘤患者的问题主要是躯体功能、食欲丧失、经济负担和缺乏活力。许多研究都证实生活质量的下降与化疗有关,但不同化疗方案之间没有发现存在差异。中枢神经系统的淋巴瘤患者认知功能下降,可能与联合化疗、全脑放疗等因素相关。年轻患者的生活质量高低在情绪功能等方面要略差,但躯体功能相对于年长患者更好,同时也会受经济状况影响。除此之外,男性、受教育程度高(大学以上)、有工作、癌龄长都是高生活质量的独立因素；而收入低、严重并发症、正在接受治疗、接受干细胞移植或生物治疗都是生活质量低的相关因素。总体来说，淋巴瘤患者的负担主要与身体症状和情感问题为主，与疾病相关的因素相关性较弱。

（三）慢性疲乏

霍奇金淋巴瘤患者的慢性疲乏（chronic fatigue symptoms，CFS）发生率为11%~76%（使用EORTC QLQ-C30或SF-36或FQ），霍奇金淋巴瘤患者的疲乏程度可能会高于非霍奇金淋巴瘤患者。疲乏程度会随着治疗和时间推移出现变化，Ganz PA等发现早期霍奇金淋巴瘤患者的慢性疲乏的程度从诊断后的6个月开始下降，约在诊断后两年时基本恢复到诊断之初的疲乏水平。持续疲乏可以加重精神症状，并且增加身体的敏感性，甚至将压力内化成一种身体感觉。Menshadi N等在研究中指出医生或护士向非霍奇金淋巴瘤患者进行疾病和疲乏的知识教育可以减轻疲乏程度。

（四）情感或情绪反应

恶性淋巴瘤患者的焦虑和抑郁情绪发生率较高，约有60%的患者遭受不同程度的情绪问题的困扰，其中焦虑最常见，其次为焦虑合并抑郁，而单纯的抑郁较少。许多因素都可能诱发或加重焦虑或抑郁情绪，值得注意的是接受干扰素和类固醇激素治疗的恶性淋巴瘤患者中出现焦虑和抑郁的风险最大。采取回避的方式来应对疾病的患者人群也表现出了更高的焦虑和生活质量下降的情况。除了焦虑抑郁，患者还有许多担忧，如担心复发、对定期复查存在预期性焦虑、担心影响生育以及对未来缺少信心等。

（五）造血干细胞移植

造血干细胞移植（hematopoietic stem cell transplantation，

HCT）已经成为治疗难治性恶性淋巴瘤的一项重要方法，但是仍然存在许多难题亟待解决，其中在心理社会方面也有许多问题值得探讨。移植前存在抑郁的患者接受异基因造血干细胞移植后的总体生存期（overall survivor，OS）有可能低于无抑郁的患者，也有更高风险出现慢性移植物抗宿主病（chronic graft-versus-host disease，GVHD），并且出院后100 天内存活率也较低。研究证实，移植后的患者会出现明显的情感上的痛苦，其中最常出现的情绪反应是抑郁，并且主要集中在治疗后一年内，可随躯体症状好转而出现缓解。HCT 住院期间生活质量下降和出现抑郁症状都可能提示患者出院后 6 个月内出现较差生活质量和创伤后应激障碍的风险增加。有研究发现在长期生存（移植后时间平均 7 年）的移植患者中，仍然有许多问题困扰着患者，约有43% 的患者在移植 1 年以后仍存在许多心理社会痛苦，主要在躯体功能、心理社会适应、抑郁、疲乏、认知功能障碍、孤独感、记忆力下降等。Syrjala KL 等试图找出抑郁等情绪困扰与生活质量下降之间的联系，他们在一项前瞻性队列研究中发现抑郁可能影响移植后的康复和预后。增加自我效能感、增加社会支持和改善抑郁能加快患者的康复。Stephens 等在一项质性研究发现患者本人对于移植后的痛苦，反应最多的是医疗费用、身体和心理的适应问题和孤独感等，会感觉到移植前后"不是同一个人了"。医护人员应该了解这些"亲身体会"，以便提供相关的健康教育和治疗相关信息，让患者理解治疗过程以及治疗中、治疗后可能出现的反应或并发症，并告知应对措施（住院期间可以尝试音乐治疗，居家期间可以尝试一些个体康复锻炼），缓解患者及家属的焦虑和担忧。

（六）青少年及年轻成年人面临的特殊问题

由于淋巴瘤患者中年轻人比例大，尤其是霍奇金淋巴瘤中有相当一部分未成年患者（我国多见于10~15岁）或刚刚成年的患者，所以这部分患者需要多加关注。恶性淋巴瘤患儿在完全缓解早期（1年内），其生存质量在角色技能、社会技能等方面都显著低于一般患儿，可随康复时间延长得到改善，良好的社会支持可以帮助其度过这一困难时期。约有76%的患病儿童对行为方面（日常生活中的功能执行等）的担心更多，而对认知和情感方面的担心较少。恶性淋巴瘤的功能损伤并不仅限于幼小的儿童，对青少年以及年轻成年人（11~21岁）的影响同样明显，尤其是在神经认知、情绪功能以及就业方面。调查显示约有1/3的年轻白血病或恶性淋巴瘤患者达到了焦虑、抑郁或者创伤后应激障碍的诊断标准，但是这些问题很可能被忽略。但年龄较小（18~35岁）的患者更能表现出积极的影响（健康意识、恶性肿瘤的意义、积极地自我评价），这一方面要好于年长患者；但在其他方面（负面影响、自我形象担忧等），两组人群未发现明显差别。就业（重返工作或就业歧视）和经济收入（医疗费用）也是部分年轻患者的困扰所在，经济负担很可能会影响其生活质量和心理状态。除此之外，儿童NHL的成年幸存者神经认知功能受损，与较低的社会成就和较差的生活质量有关，建议早期发现和采取干预策略。

三、推荐意见

1. 恶性淋巴瘤患者的心理痛苦程度较高，发生率较常见实体肿瘤更高，使用心理痛苦温度计测量时临界点可以设在5，而许多心理痛苦未能得到表达和纾解，临床医生应该关注并及时有效的处理患者的心理痛苦，以提高患者的生活质量（强烈推荐，高质量证据）。

2. 虽然霍奇金淋巴瘤和非霍奇金淋巴瘤患者的生活质量下降方面会有所不同，但同时都受到了化疗的严重影响，其他因素如性别、年龄阶段、经济收入状况、受教育程度、是否正在接受生物治疗等也会对患者的生活质量产生影响，临床医生应该注意治疗的个体化（强烈推荐，高质量证据）。

3. 慢性疲乏在恶性淋巴瘤患者中同样高发，但其随时间和治疗会出现缓解，临床医生应该提供必要的知识教育和信息，这可以帮助患者更好地应对这一困扰（强烈推荐，中等质量证据）。

4. 恶性淋巴瘤患者的情绪问题以焦虑为主，临床医生应该注意药物，尤其是生物制剂（如皮质醇激素、干扰素等）对情绪的影响，同时注意识别预期性的焦虑和担忧，并且应该予以积极关注和有效处理（强烈推荐，高质量证据）。

5. 干细胞移植作为恶性淋巴瘤治疗的重要手段，其伴随的心理社会痛苦也需要给予更多关注和支持，主要包括抑郁、疲乏、适应障碍、孤独感、躯体功能和认知功能下降等。临床医生和护理人员应该给予充分的支持和信息，以便患者能更好地处理出现的心理社会痛苦（强烈推荐，高质量证据）。

6. 淋巴瘤患者中年轻人较多，该年龄段的人群比老年患者面临更多问题，如就业、婚姻、生育、经济收入等问题，而年轻患者的学习和接受改变能力可能要更好。医疗工作者应该提供必要的心理教育和信息，这可以减轻患者的心理痛苦和不良情绪（强烈推荐，中等质量证据）。

第十二章 照护者心理干预

一、背景

癌症不仅影响患者，也影响家庭成员和照护人员。通常情况下，癌症患者的配偶和成年子女提供了大部分的照护。在癌症诊疗全过程中，照护者承担各种责任，包括日常生活（如烹饪、清洁）、工具功能（如财务管理）、医疗责任（如用药、就医交通）等。他们与患者的关系从家庭成员的关系转变为主动照护者的关系。这种转变连同照护者的现有责任，往往带来更多的心理困扰并影响生活质量。此外，癌症患者的照护很复杂并且需要专业技能，而家庭照护者却很少或根本没有相应的准备，缺乏足够的知识、资源或技能。这也会给照护者带来一系问题和困扰。

此外，研究发现，照护者的负性情绪状态、认知和躯体损害（包括疲劳）会严重影响到患者的生活质量以及治疗结局。另一项研究发现，存在较高心理痛苦的配偶照料者，会造成患者对于癌症适应的负面影响。因此，照护者在帮助患者应对癌症及其治疗方面发挥着关键作用。

二、证据

三项荟萃分析检查了对患有各种慢性病（包括癌症）

的患者及其照护者进行的随机对照试验，一项荟萃分析检查了对癌症患者及其照料者的随机对照试验。尽管在荟萃分析中所测量的指标各不相同，但与对照组相比，干预组均有积极的结果。

在荟萃分析中发现照护者的积极结局包括照顾者负担减少，更少有抑郁，获得更多知识和较少的焦虑或痛苦。此外，癌症患者照护者也有更好的应对，更高的自我效能，更好的婚姻和家庭关系以及更好的身体功能。

照护者干预研究主要可以分为四个领域：①支持－教育性干预；②照护技能／症状管理干预；③应对技能干预；④聚焦于关系的干预。

1. 支持－教育性干预　由于癌症患者和照护者对于支持和治疗信息的需求，大多数干预措施是支持－教育或心理－教育性干预。通过干预，癌症患者和照护者情绪痛苦更少、生活质量改善，照护者自我效能感提高以及更好地应对。其他还包括改善了照料者的身体健康或健康状况，减少了对疾病的负面评价或更少的不确定性，提高了照护者对社区资源的了解。

2. 照护技能／症状管理干预　当照护者对于提供照护有信心时会受益，因此一些研究侧重于提高照护者的技能水平。有趣的是，当提供给患者和照护者症状管理干预时，患者的症状得到改善，照护者能够花更少的时间帮助患者管理症状，照护者对于照护的负面反应更少。提高照护者技能的干预增加了照护者的照护知识，提高了自我效能，减少了照护者的抑郁症状。一项荟萃分析表明以解决问题和沟通技能为目标的干预措施可以减轻与患者照护相关的负担和与照护相关的角色变化，同时提高照护者的总体生活质量。

3. 应对技能干预　积极应对策略可改善生活质量，一些干预研究已将应对技能纳入其中。两项研究主要集中在如何提高患者和照护者的应对技能上。“应对癌症计划”是澳大利亚的研究人员开发的，旨在帮助乳腺癌患者及其照护者共同应对癌症并相互支持。在随机对照试验中，他们比较了针对配偶的干预、针对患者个人的干预以及对照组三组的结局。发现针对配偶的干预比患者组和对照组产生了更多的积极结果。配偶间相互支持与沟通增加，亲密度增加，更少出现回避性应对。在另一项终末期患者的研究中，照护者被提供标准化临终照护、临终照护加支持性访视或临终照护加应对技能干预。与其他两组相比，接受应对技能干预照护者的负担更少，生活质量更高。此外，一项关于应对癌症的夫妻心理治疗的荟萃分析表明，心理社会干预为患者和照护者应对癌症和生活质量均带来获益。另一项系统综述也强调基于夫妻应对癌症的干预带来的积极结果，包括患者及其伴侣的生活质量、社会心理困扰、性功能和婚姻满意度。

4. 聚焦于关系的干预　由于癌症会给配偶关系带来压力，一些研究关注于关系问题。Kuijer 开发了一种干预措施，帮助配偶应对癌症时减少关系中的不平等。干预的重点是配偶之间的相互支持方式，维持他们关系中的“给予和接受”，改善他们对彼此的期望。参与干预的配偶报告他们的关系更平等，婚姻满意度更高。为了改善关系，一些研究者认为，可能有必要让双方都参与干预。例如，Manne 等人为患有前列腺癌的男性妻子提供了一种干预措施，以减轻妻子的痛苦，增加他们的个人成长，并促进婚姻关系沟通。针对特定癌种也有相关的研究，一项系统综述表明配偶的关系质量影响到他们对于结直肠癌的适应，针对配偶关系的心理社会干预有助于患者和照护者在适应结直肠癌的挑战中获益。

5. 为照护者提供照护的临床基本实践　在临床实践中，对于照护者的关注与干预我们建议实施基本干预措施，如表 12-1。

表 12-1　临床实践中为癌症照护者提供的基本干预

步骤	主要内容	具体细节
评估	照护的意愿	谁有空
		照护者是否与患者住在一起
		有安全、可负担的交通工具吗
	照护的能力	一般健康状况
		评估共病：身心健康
		体能：评估力量、运动范围、耐力和视力
		情绪：焦虑、抑郁和睡眠障碍筛查
		认知：功能评估（如记忆力）
		知识和技能水平：确定以前的照护经验；评估对患者疾病的认识；评估所需任务的知识
教育	照护者的任务	个体照护（洗澡、吃饭、伤口护理、药物和症状管理）
		家庭照护（沟通和支持）
		事务性工作（财务和保险报销）

续表

步骤	主要内容	具体细节
	压力管理	躯体活动、冥想、引导性想象
	健康促进	营养、运动、物质使用和临时看护
	疾病预防	体检、筛查和接种
资源和服务	查询需要资源	初级保健提供者和 / 或心理健康提供者
		家庭护理
		支援团体或社会服务机构
		接入互联网
		提供家人 / 朋友或其他机构进行临时护理
		了解 / 使用休假福利

三、推荐

1. 推荐给予癌症患者照护者最基本的心理社会照顾（强烈推荐，高质量证据）。

2. 推荐为照护者提供支持 - 教育干预（强烈推荐，中等质量证据）。

3. 推荐为照护者提供照护技能 / 症状管理技能干预（强烈推荐，中等质量证据）。

4. 推荐为照护者提供应对技能干预（强烈推荐，中等质量证据）。

5. 推荐为照护者提供聚焦于关系的干预（强烈推荐，中等质量证据）。

参考文献

[1] Hamann HA, Ver Hoeve ES, Carter-Harris L, et al. Multilevel Opportunities to Address Lung Cancer Stigma across the Cancer Control Continuum. Journal of Thoracic Oncology, 2018, 13(8): 1062-1075.

[2] Traeger L, Greer JA, Fernandez-Robles C, et al. Evidence-based treatment of anxiety in patients with cancer. J Clin Oncol, 2012, 30(11): 1197-1205.

[3] Li M, Fitzgerald P, Rodin G. Evidence-Based Treatment of Depression in Patients With Cancer. J Clin Oncol, 2012, 30(11): 1187-1196.

[4] Breitbart W, Alici Y. Evidence-based treatment of delirium in patients with cancer. J Clin Oncol, 2012, 30(11): 1206-1214.

[5] Chida Y, Hamer M, Wardle J, et al. Do stress-related psychosocial factors contribute to cancer incidence and survival? A systematic quantitative review of 40 years of inquiry. Nat Clin Pract Oncol, 2008, 5: 466-475.

[6] Lambert SD, Girgis A, Lecathelinais C, et al. Walking a mile in their shoes: anxiety and depression among partners and caregivers of cancer survivors at 6 and 12 months post-diagnosis. Supportive Care in Cancer, 2013, 21, 75-85.

[7] Vickery L E, Latchford G, Hewison J, et al. The impact of head and

neck cancer and facial disfigurement on the quality of life of patients and their partners. Head & Neck, 2003, 25(4): 289-296.

[8] MoreiraH, Canavarro MC. Psychosocial adjustment and marital intimacy among partners of patients with breast cancer: A comparison study with partners of healthy women. J Psychosocial Oncology, 2013, 31, 282-304.

[9] Vanderwerker LC, Laff RE, Kadan-Lottick NS, et al. Psychiatric disorders and mental health service use among caregivers of advanced cancer patients. J Clin Oncol, 2005, 23(28), 6899-6907.

[10] Mosher CE, Given, BA, Ostroff JS. Barriers to mental health service use among distressed family caregivers of lung cancer patients. European Journal of Cancer Care, 2015, 24(1): 50-59.

[11] Wu LM, Mcginty H, Amidi A, et al. Longitudinal dyadic associations of fear of cancer recurrence and the impact of treatment in prostate cancer patients and their spouses. Acta Oncologica, 2019, 58(5): 708-714.

[12] Kotronoulas G, Wengstrom Y, Kearney N. Sleep patterns and sleep-impairing factors of persons providing informal care for people with cancer: a critical review of the literature. Cancer Nurs, 2013, 36(1): E1-15.

[13] Northouse L, Williams AL, Given B, et al. Psychosocial care for family caregivers of patients with cancer. J Clin Oncol, 2012, 30(11): 1227-1234.

[14] William C, Janet K, Tracy W, et al. Touch, Caring, and Cancer: randomized controlled trial of a multimedia caregiver education program. Supportive Care in Cancer, 2013, 21(5): 1405-1414.

[15] Yun YH, Kwon YC, Lee MK, et al. Experiences and Attitudes of

Patients With Terminal Cancer and Their Family Caregivers Toward the Disclosure of Terminal Illness. J Clin Oncol, 2010, 28(11): 1950-1957.

[16] He Y, Pang Y, Zhang Y, et al. Dual role as a protective factor for burnout-related depersonalization in oncologists. Psycho-Oncology, 2017, 26(8): 1080-1086.

[17] Li WW, Lam WW, Au AH, et al. Interpreting differences in patterns of supportive care needs between patients with breast cancer and patients with colorectal cancer. Psychooncology, 2013, 22(4): 792-798.

[18] Tang ST, Chang WC, Chen JS, et al. Associations of prognostic awareness/acceptance with psychological distress, existential suffering, and quality of life in terminally ill cancer patients' last year of life. Psychooncology, 2016, 25(4): 455-462.

[19] KSJ M, Delfont S, Bracey ML, et al. Top ten concerns burdening people with cancer: Perceptions of patients with cancer and the nurses caring for them. Eur J Oncol Nurs, 2018, 33: 102-106.

[20] Gebhardt C, Gorba C, Oechsle K, et al. Breaking Bad News to Cancer Patients: Content, Communication Preferences and Psychological Distress. Psychother Psychosom Med Psychol, 2017, 67(7): 312-321.

[21] Kyte K, Ekstedt M, Rustoen T, et al. Longing to get back on track: Patients' experiences and supportive care needs after lung cancer surgery. J Clin Nurs, 2019, 28(9-10): 1546-1554.

[22] Abi NE, Kourie HR, Ghosn M, et al. Informational Needs of Women with Breast Cancer Treated with Chemotherapy. Asian Pac J Cancer Prev, 2016, 17(4): 1797-1800.

[23] Brebach R, Sharpe L, Costa D S, et al. Psychological intervention

targeting distress for cancer patients: a meta-analytic study investigating uptake and adherence. Psycho-Oncology, 2016.

[24] Schmidt A, Ernstmann N, Wesselmann S, et al. After initial treatment for primary breast cancer: information needs, health literacy and the role of health care workers. Support Care Cancer, 2016, 24(2): 563-571.

[25] Till JE. Evaluation of support groups for women with breast cancer: importance of the navigator role. Health Qual Life Outcomes, 2003, 1: 16.

[26] Temel JS, Greer JA, Muzikansky A, et al. Early palliative care for patients with metastatic non-small-cell lung cancer. N Engl J Med, 2010, 363(8): 733-742.

[27] Kamal AH, Swetz KM, Carey EC, et al. Palliative care consultations in patients with cancer: a mayo clinic 5-year review. J Oncol Pract, 2011, 7(1): 48-53.

[28] Teo I, Krishnan A, Lee GL. Psychosocial interventions for advanced cancer patients: A systematic review. Psychooncology, 2019, 28(7): 1394-1407.

[29] Kissane DW, McKenzie M, Bloch S, et al. Family focused grief therapy: a randomized, controlled trial in palliative care and bereavement. Am J Psychiatry, 2006, 163(7): 1208-1218.

[30] Hampton JR, Harrison MJ, Mitchell JR, et al. Relative contributions of history-taking, physical examination, and laboratory investigation to diagnosis and management of medical outpatients. Br Med J, 1975, 2(5969): 486-489.

[31] Peterson MC, Holbrook JH, Von Hales D, et al. Contributions of the history, physical examination, and laboratory investigation in making

medical diagnoses. West J Med, 1992, 156(2): 163-165.

[32] Parker PA, Aaron J, Baile WF. Breast cancer: unique communication challenges and strategies to address them. Breast J, 2009, 15: 69-75.

[33] Fallow L, Jenkins V. Effective communication skills are the key to good Cancer care. Eur J Cancer, 1999, 35: 1592-1597.

[34] Barry CA, Bradley CP, Britten N, et al. Patients' unvoiced agendas in general practice consultations: qualitative study. BMJ, 2000, 320(7244): 1246-1250.

[35] Maguire P, Booth K, Elliott C, et al. Helping health professionals involved in cancer care acquire key interviewing skills--the impact of workshops. Eur J Cancer, 1996, 32A(9): 1486-1489.

[36] Gysels M, Richardson A, Higginson IJ. Communication training for health professionals who care for patients with cancer: a systematic review of training methods. Support Care Cancer, 2005, 13: 356-366.

[37] Berkhof M, van Rijssen HJ, Schellart AJM, et al. Effective training strategies for teaching communication skills to physicians: an overview of systematic reviews. Patient Educ Couns, 2011, 84: 152-162.

[38] Moore PM, Rivera S, Bravo-Soto GA, et al. Communication skills training for healthcare professionals working with people who have cancer. Cochrane Database Syst Rev, 2018, 7: D3751.

[39] Haidet P, Paterniti DA. "Building" a history rather than "taking" one: a perspective on information sharing during the medical interview. Arch Intern Med, 2003, 163(10): 1134-1140.

[40] Gafaranga J, Britten N. "Fire away": the opening sequence in general practice consultations. Fam Pract, 2003, 20(3): 242-247.

[41] Jansen J, Butow PN, van Weert JC, et al. Does age really matter? Recall of information presented to newly referred patients with

cancer? J Clin Oncol, 2008, 26: 5450-5457.

[42] Roter DL. Patient participation in the patient-provider interaction: the effects of patient question asking on the quality of interaction, satisfaction and compliance. Health Educ. Monogr, 1977, 5: 281-315.

[43] Mclachlan SA, Allenby A, Matthews J, et al. Randomized trial of coordinated psychosocial interventions based on patient self-assessments versus standard care to improve the psychosocial functioning of patients with cancer. Journal of Clinical Oncology, 2001, 19: 4117-4125.

[44] Henbest RJ, Stewart M. Does it really make a difference? Fam Pract, 1990, 7(1): 28-33.

[45] Jenkins V, Fallowfield L, Saul J. Information needs of patients with cancer: results from a large study in UK cancer centres. Br J Cancer, 2001, 84(1): 48-51.

[46] Campbell ML. Breaking bad news to patients. JAMA, 1994, 271: 1052.

[47] Fujimori M, Uchitomi Y. Preferences of cancer patients regarding communication of bad news: a systematic literature review. Jpn J ClinOncol, 2009, 39: 201-216.

[48] Luker KA, Beaver K, Leinster SJ, et. al. Information needs and sources of information for women with breast cancer: a follow-up study. J AdvNurs, 1996, 23: 487-495.

[49] 黄雪薇，王秀丽，张瑛，等. 恶性肿瘤患者的信息需求应否与如何告知恶性肿瘤诊断. 中国心理卫生杂志，2001，265-267.

[50] Butow PN, Dunn SM, Tattersall MH, et al. Patient participation in the cancer consultation: evaluation of a question prompt sheet. Ann Oncol, 1994, 5(3): 199-204.

[51] Fujimori M, Akechi T, Akizuki N, et al. Good communication with patients receiving bad news about cancer in Japan. Psycho-Oncology, 2005, 14: 1043-1051.

[52] Fujimori M, Akechi T, Morita T, et al. Preferences of cancer patients regarding the disclosure of bad news. Psycho-Oncology, 2007, 16: 573-581.

[53] Wuensch A, Tang L, Goelz T, et al. Breaking bad news in China——the dilemma of patients' autonomy and traditional norms. A first communication skills training for Chinese oncologists and caretakers. Psycho-Oncology, 2013, 22: 1192-1195.

[54] Pang Y, Tang L, Zhang Y, et al. Breaking bad news in China: implementation and comparison of two communication skills training courses in oncology. Psycho-Oncology, 2015, 24: 608-611.

[55] Fujimori M, Parker PA, AkechiT, et. al. Japanese cancer patients' communication style preferences when receiving bad news. Psycho-Oncology, 2007, 16(7): 617-625.

[56] Tang WR, Chen KY, Hsu SH, et al. Effectiveness of Japanese SHARE model in improving Taiwanese healthcare personnel's preference for cancer truth telling. Psycho-Oncology, 2014, 23: 259-265.

[57] Fujimori M, Shirai Y, Asai M, et al. Effect of communication skills training program for oncologists based on patient preferences for communication when receiving bad news: a randomized controlled trial. J Clin Oncol, 2014, 32: 2166-2172.

[58] Graves K D . Cancer care for the whole patient: meeting psychosocial health needs. Written by the Committee on Psychosocial Services to Cancer Patients/Families in a Community Setting Board on Health Care Services. Psycho-Oncology, 2009, 18(3): 305-306.

[59] Xia, Z. Cancer pain management in china: Current status and practice implications based on the ACHEON survey. Journal of Pain Research, 2017, 10: 1943-1952.

[60] Linden W, Vodermaier A, MacKenzie R, et al. Anxiety and depression after cancer diagnosis: prevalence rates by cancer type, gender, and age. J Affect Disord, 2012, 141(2-3): 343-351.

[61] Basch E, Iasonos A, Mcdonough T, et al. Patient versus clinician symptom reporting using the National Cancer Institute Common Terminology Criteria for Adverse Events: results of a questionnaire-based study. Lancet Oncology, 2006, 7(11): 903-909.

[62] Li M, Green E . The Ontario psychosocial oncology framework: a quality improvement tool. Psycho-Oncology, 2013, 22(5): 1177-1179.

[63] Zebrack B, Kayser K, Sundstrom L, et al. Psychosocial Distress Screening Implementation in Cancer Care: An Analysis of Adherence, Responsiveness, and Acceptability. Journal of Clinical Oncology, 2015, 33(10): 1165-1170.

[64] Kotronoulas G, Kearney N, Maguire R, et al. What Is the Value of the Routine Use of Patient-Reported Outcome Measures Toward Improvement of Patient Outcomes, Processes of Care, and Health Service Outcomes in Cancer Care? A Systematic Review of Controlled Trials. Journal of Clinical Oncology, 2014, 32(14): 1480-1501.

[65] Jensen R E, Snyder C F, Abernethy A P, et al. Review of Electronic Patient-Reported Outcomes Systems Used in Cancer Clinical Care. Journal of Oncology Practice, 2014, 10(4): 215-222.

[66] Basch E, Deal A M, Kris M G, et al. Symptom Monitoring With Patient-Reported Outcomes During Routine Cancer Treatment: A

Randomized Controlled Trial. Journal of Clinical Oncology, 2016, 34(6): 557-565.

[67] Basch E, Deal AM, Dueck AC, et al. Overall Survival Results of a Trial Assessing Patient-Reported Outcomes for Symptom Monitoring During Routine Cancer Treatment. JAMA, 2017, 318(2): 197-198.

[68] Madeline Li, Alyssa Macedo, Sean Crawford, et al. Easier Said Than Done: Key to Successful Implementation of the Distress Assessment and Response Tool(DART)Program. Journal of Oncology Practice, 2016, 12(5): 513-525.

[69] X Ma, J Zhang, W Zhong, et al. The diagnostic role of a short screening tool--the distress thermometer: a meta-analysis. Supportive Care in Cancer, 2014, 22(7): 1741-1755.

[70] XS, Wang Y, Guo H, et al. Chinese version of the M. D. Anderson Symptom Inventory(MDASI-C): Validation and application of symptom measurement in cancer patients. Cancer, 2004, 101(8): 1890-1901.

[71] Ryan H., Schofield P, Cockburn J, et al. How to recognize and manage psychological distress in cancer patients. European Journal of Cancer Care(English), 2005, 14: 7-15.

[72] SJ Stapletion, J Holden, JEpstein, et al. A Systematic Review of the Symptom Distress Scale in Advanced Cancer Studies. Cancer Nursing, 2016, 39(4): 99-125.

[73] Lisa VanHoose L, Black LL, Doty K, et al. An analysis of the distress thermometer problem list and distress in patients with cancer. Support Care Cancer, 2015, 23: 1225-1232.

[74] Karen L. Syrjala, Mark P. Jensen, M. Elena Mendoza, et al. Psychological and Behavioral Approaches to Cancer Pain Management. Journal of

Clinical Oncology, 2014, 32(16): 1703-1711.

[75] Howell D, Oliver T, Kellerolaman S, et al. A Pan-Canadian practice guideline: prevention, screening, assessment, and treatment of sleep disturbances in adults with cancer. Supportive Care in Cancer, 2013, 21(10): 2695-2706.

[76] Küchler T, Bestmann B, Rappat S, et al. Impact of psychotherapeutic support for patients with gastrointestinal cancer undergoing surgery: 10 year survival results of a randomized trial. J Clin Oncol, 2007, 1: 25(19): 2702-2708.

[77] 张叶宁,张海伟,宋丽莉,等,心理痛苦温度计在中国恶性肿瘤患者心理痛苦筛查中的应用. 中国心理卫生杂志,2010,24(12): 897-902.

[78] Baker-Glenn EA, Park B, Granger L, et al. Desire for psychological support in cancer patients with depression or distress: validation of a simple help question. Psycho-Oncology, 2011, 20: 525-531.

[79] Ryan H., Schofield P, Cockburn J, et al. How to recognize and manage psychological distress in cancer patients. European Journal of Cancer Care(English), 2005, 14: 7-15.

[80] Jenkins V, Fallowfield L. Can communication skills training alter physicians' beliefs and behaviors in clinics? Journal of Clinical Oncology, 2002, 20: 765-769.

[81] Lee JY, Jung D, Kim WH, et al. Correlates of oncologist-issued referrals for psycho-oncology services: what we learned from the electronic voluntary screening and referral system for depression (eVSRS-D). Psycho-Oncology, 2016, 25: 170-178.

[82] Cheryl LN, Ceinwen C, Jill T, et al. Referral patterns and psychosocial distress in cancer patients Psycho-Oncology counseling service.

Psycho-Oncology, 2011, 20: 326-332.

[83] Zimmermann T, Heinrichs N, Baucom D. "Does one size fit all?" moderators in psychosocial interventions for breast cancer patients: a meta-analysis. Ann Behav Med, 2007, 34: 225-239.

[84] Jane T, Brian K, David K, et al. A randomized trial of a psychosocial intervention for cancer patients integrated into routine care: the PROMPT study(promoting optimal outcomes in mood through tailored psychosocial therapies). BMC Cancer, 2011, 11: 48.

[85] Mclachlan SA, Allenby A, Matthews J, et al. Randomized trial of coordinated psychosocial interventions based on patient self-assessments versus standard care to improve the psychosocial functioning of patients with cancer. Journal of Clinical Oncology, 2001, 19: 4117-4125.

[86] Brebach R, Sharpe L, Costa D S, et al. Psychological intervention targeting distress for cancer patients: a meta-analytic study investigating uptake and adherence. Psycho-Oncology, 2016,25(8): 882-890.

[87] Traeger L, Greer JA, Fernandez-Robles C, et al. Evidence-based treatment of anxiety in patients with cancer[J]. Journal of Clinical Oncology Official Journal of the American Society of Clinical Oncology, 2012, 30(11): 1197-1205.

[88] Pei-Ying Chen, Ying-Mei Liu, Mei-Ling Chen. The Effect of Hypnosis on Anxiety in Patients With Cancer: A Meta-Analysis: Hypnosis Effect Anxiety in Cancer Patients. Worldviews on Evidence-Based Nursing, 2017, 14(3): 223-236.

[89] Huang Y, Wang Y, Wang H, et al. Prevalence of mental disorders in China: a cross-sectional epidemiological study. Lancet Psychiatry,

2019,6(3):211-224.

[90] Zhao L, Li X, Zhang Z, et al. Prevalence, correlates and recognition of depression in Chinese inpatients with cancer. Gen Hosp Psychiatry, 2014, 36(5): 477-482.

[91] 卜岗,孙欣,王辉,等.盐酸羟考酮缓释片联合氟哌噻吨美利曲辛片治疗晚期癌痛的疗效观察.现代肿瘤医学,2018,26(04):609-612.

[92] Hshieh TT, Yue J, Oh E, et al. Effectiveness of multicomponent nonpharmacological delirium interventions: a meta-analysis. JAMA Intern Med, 2015, 175(4): 512-520.

[93] Hui D, Frisbee-Hume S, Wilson A, et al. Effect of Lorazepam With Haloperidol vs Haloperidol Alone on Agitated Delirium in Patients With Advanced Cancer Receiving Palliative Care: A Randomized Clinical Trial. JAMA, 2017, 318: 1047-1056.

[94] Wu YC, Tseng PT, Tu YK, et al. Association of Delirium Response and Safety of Pharmacological Interventions for the Management and Prevention of Delirium: A Network Meta-analysis. JAMA Psychiatry, 2019, 76: 526-535.

[95] Zhong BL, Li SH, Lv SY, et al. Suicidal ideation among Chinese cancer inpatients of general hospitals: prevalence and correlates. Oncotarget, 2017, 8(15): 25141-25150.

[96] Martínez M, Arantzamendi M, Belar A, et al. 'Dignity therapy', a promising intervention in palliative care: A comprehensive systematic literature review. Palliat Med, 2017, 31(6): 492-509.

[97] Rodin G, Lo C, Rydall A, et al. Managing cancer and living meaningfully(CALM): A randomized controlled trial of a psychological intervention for patients with advanced cancer. J Clin

Oncol, 2018, 36(23): 2422-2432.

[98] 中华医学会神经病学分会，中华医学会神经病学分会睡眠障碍学组. 中国成人失眠诊断与治疗指南(2017版). 中华神经科杂志, 2018, 51(5): 324-335.

[99] Schute RS, Broch L, Buysse D, et al. Clinical guideline for the evaluation and management of chronic insomnia in adults. J Clin Sleep Med, 2008, 4(5): 487–504.

[100] Johnson JA, Rash JA, Campbell TS, et al. A systematic review and meta-analysis of randomized controlled trials of cognitive behavior therapy for insomnia(CBT-I)in cancer surviviors. Sleep Med Rev, 2015, 27: 20-28.

[101] Williams AC, Craig KD. Updating the definition of pain. Pain, 2016, 157(11): 2420-2423.

[102] Sheinfeld GS, Krebs P, Badr H, et al. Meta-analysis of psychosocial interventions to reduce pain in patients with cancer. J Clin Oncol, 2012, 30: 539-547.

[103] Syrjala KL, Jensen MP, Mendoza ME, et al. Psychological and behavioral approaches to cancer pain management. J Clin Oncol, 2014, 32: 1703-1711.

[104] Zimmermann T, Heinrichs N, Baucom D. "Does one size fit all?" moderators in psychosocial interventions for breast cancer patients: a meta-analysis. Ann Behav Med, 2007, 34: 225-239.

[105] Jones JM, Howell D, Olson KL, et al. Prevalence of cancer-related fatigue in a population-based sample of colorectal, breast, and prostate cancer survivors. Journal of Clinical Oncology, 2012, 30(S15): 9131.

[106] Wang XS, Zhao F, Fisch MJ, et al. Prevalence and characteristics

of moderate to severe fatigue: a multicenter study in cancer patients and survivors. Cancer, 2014, 120(3): 425-432.

[107] Hampson JP, Zick SM, Khabir T, et al. Altered resting brain connectivity in persistent cancer related fatigue. Neurolmage Clin, 2015, 8: 305-313.

[108] Ethan Basch, Allison M. Deal, Mark G. Kris, et al. Symptom Monitoring with Patient-Reported Outcomes During Routine Cancer Treatment: A Randomized Controlled Trial. Journal of Clinical Oncology, 2016, 34(6): 557-565.

[109] Zou LY, Yang L, He XL, et al. Effects of aerobic exercise on cancer-related fatigue in breast cancer patients receiving chemotherapy: a meta-analysis. Journal of Tumour Biology, 2014, 35(6): 5659-5667.

[110] Mustian KM, Alfano CM, Heckler C, et al. Comparison of Pharmaceutical, Psychological, and Exercise Treatments for Cancer-Related Fatigue: A Meta-analysis. JAMA Oncol, 2017, 3(7): 961-968.

[111] Tomlinson D, Diorio C, Beyene J, et al. Effect of exercise on cancer-related fatigue: a meta-analysis. American Journal of Physsical Medicine & Rehabilitation, 2014, 93(8): 675-686.

[112] Marieke F. M. Gielissen, StansVerhagen, et al. Effects of Cognitive Behavior Therapy in Severely Fatigued Disease-Free Cancer Patients Compared With Patients Waiting for Cognitive Behavior Therapy: A Randomized Controlled Trial. Journal of Clinical Oncology, 2006, 24(30): 4882-4887.

[113] Minton O, Richardson A, Sharpe M, et al. Drug therapy for themanagement of cancer-related fatigue. Cochrane Database of Systematic Reviews, 2010, (7): 1-74.

[114] Pan YQ, Yang KH, Wang YL, et al. Massage interventions and treatment-related side effects of breast cancer: a systematic review and meta-analysis. Int J Clin Oncol, 2014, 19(5): 829-841.

[115] Poort H, Peters M, Bleijenberg G, et al. Psychosocial interventions for fatigue during cancer treatment with palliative intent. Cochrane Database Syst Rev, 2017, 7: CD012030.

[116] Breitbart W, Poppito S, Rosenfeld B, et al. Pilot randomized controlled trial of individual meaning-centered psychotherapy for patients with advanced cancer. J Clin Oncol, 2012, 30(12): 1304-1309.

[117] Chochinov HM, Kristjanson LJ, Breitbart W, et al. Effect of dignity therapy on distress and end-of-life experience in terminally ill patients: a randomised controlled trial. Lancet Oncol, 2011, 12(8): 753-762.

[118] Dittus KL, Gramling RE, Ades PA, et al. Exercise interventions for individuals with advanced cancer: A systematic review. Prev Med, 2017, 104: 124-132.

[119] Molassiotis A, Lee P, Burke T, et al. Anticipatory nausea, risk factors and its impact onchemotherapy-related nausea and vomiting: results from the PEER study. J Pain Symptom Manage in press, 2016, 51(6): 987-993.

[120] James A, Nair MM, Abraham D S, et al. Effect of Lorazepam in Reducing Psychological Distress and Anticipatory Nausea and Vomiting in Patients Undergoing Chemotherapy. Journal of Pharmacology & Pharmacotherapeutics, 2017, 8(3): 112-115.

[121] Dupuis L L, Roscoe J A, Olver I, et al. 2016 updated MASCC/ESMO consensus recommendations: Anticipatory nausea and vomiting in children and adults receiving chemotherapy. Supportive Care in Cancer Official Journal of the Multinational Association of

Supportive Care in Cancer, 2017, 25(1): 317.

[122] Fearon K, Strasser F, Anker SD, et al. Definition and classification of cancer cachexia: an international consensus. Lancet Oncology, 2011, 12(5): 489- 495.

[123] Anderson LJ, Albrecht ED, Garcia JM. Update on Management of Cancer-Related Cachexia . Current Oncology Reports, 2017, 19 (1): 3.

[124] Uster A, Ruehlin M, Mey S, et al. Effects of nutrition and physical exercise intervention in palliative cancer patients: A randomized controlled trial. Clin Nutr, 2018, 37(4): 1202-1209.

[125] Seow H, Barbera L, Sutradhar R, et al. Trajectory of performance status and symptom scores for patients with cancer during the last six months of life. J Clin Oncol, 2011, 29: 1151-1158.

[126] Hoerger M, Wayser GR, Schwing G, et al. Impact of Interdisciplinary Outpatient Specialty Palliative Care on Survival and Quality of Life in Adults With Advanced Cancer: A Meta-Analysis of Randomized Controlled Trials. Ann Behav Med, 2019, 53(7): 674-685.

[127] Ferrell BR, Temel JS, Smith TJ, et al. Integration of Palliative Care Into Standard Oncology Care: American Society of Clinical Oncology Clinical Practice Guideline Update. J Clin Oncol, 2017, 35(1): 96-112.

[128] Prigerson HG, Bao Y, Shah MA, et al. Chemotherapy use, performance status, and quality of life at the end of life. JAMA Oncol, 2015, 1: 778-784.

[129] Basch E, Abernethy AP, Mullins CD, et al. Recommendations for incorporating patient-reported outcomes into clinical comparative effectiveness research in adult oncology. J Clin Oncol, 2012, 30

(34): 42249-42255.

[130] Cheryl LN, Ceinwen C, Jill T, et al. Referral patterns and psychosocial distress in cancer patients ac Psycho-Oncology counseling service. Psycho-Oncology, 2011, 20: 326-332.

[131] Bandieri E, Romero M, Ripamonti CI, et al. Randomized trial of low dose morphine versus weak opioids in moderate cancer pain. J Clin Oncol, 2016, 34: 436-442.

[132] Lee JY, Jung D, Kim WH, et al. Correlates of oncologist-issued referrals for psycho-oncology services: what we learned from the electronic voluntary screening and referral system for depression (eVSRS-D). Psycho-Oncology 2016, 25: 170-178.

[133] 中国抗癌协会癌症康复与姑息治疗专业委员会(CRPC)难治性癌痛学组. 难治性癌痛专家共识(2017 年版)中国肿瘤临床, 2017, 44(16): 787-793.

[134] Barnes H, McDonald J, Smallwood N, et al. Opioids for the palliation of refractory breathlessness in adults with advanced disease and terminal illness. Cochrane Database Syst Rev, 2016, 3(3): CD011008.

[135] Jann Arends, Patrick Bachmann, Vickie Baracos, et al, ESPEN Guidelines on Nutrition in Cancer Patients. Clin Nutr, 2017, 36 (1): 11-48.

[136] Ruiz Garcia V1, López-Briz E, Carbonell Sanchis R, et al. Megestrol acetate for treatment of anorexia-cachexia syndrome. Cochrane Database Syst Rev, 2013, 28: 3.

[137] 李佩, 辛宝, 钱文文. 近 6 年癌性厌食的中医药治疗进展. 现代中医药, 2017, (04): 111-113.

[138] 中国抗癌协会肿瘤临床化疗专业委员会, 中国抗癌协会肿瘤支持治疗专业委员会. 肿瘤药物治疗相关恶心呕吐防治中国专家

共识(2019年版). 中国医学前沿杂志, 2019, 11: 16-26.

[139] Wickham RJ. Managing Constipation in Adults With Cancer. J Adv Pract Oncol, 2017, 8: 149-161.

[140] Andreyev J, Ross P, Donnellan C, et al. Guidance on the management of diarrhoea during cancer chemotherapy. Lancet Oncol, 2014, 15(10): e447-460.

[141] Carla Ida Ripamontia, Alexandra M. Eassonc, Hans Gerdesd, et al. Management of malignant bowel obstruction. European Journal of Cancer, 2008, 44(8): 1105-1115.

[142] Howell D, Oliver TK, Keller-Olaman S, et al. Sleep disturbance in adults with cancer: a systematic review of evidence for best practices in assessment and management for clinical practice. Ann Oncol, 2014, 25(4): 791-800.

[143] Maltoni M, Caraceni A, Brunelli C, et al. Steering Committee of the European Association for Palliative Care. Prognostic factors in advanced cancer patients: evidence-based clinical recommendations-a study by the Steering Committee of the European Association for Palliative Care. J Clin Oncol, 2005, 23(25): 6240-6248.

[144] Sudore RL, Lum HD, You JJ, et a1. Defining advance care planning for adults: a consensus definition from a multidisciplinary delphi panel. J Pain Symptom Manage, 2017, 53(5): 821-832.

[145] Wright AA, Zhang B, Keating NL, et al. Associations between palliative chemotherapy and adult cancer patients' end of life care and place of death: prospective cohort study. BMJ, 2014, 348: g1219.

[146] Connor SR, Pyenson B, Fitch K, et al. Comparing hospice and nonhospice patient survival among patients who die within a three-year window. J Pain Symptom Manage, 2007, 33(3): 238-246.

[147] Hales S, Chiu A, Husain A, et al. The quality of dying and death in cancer and its relationship to palliative care and place of death. J Pain Symptom Manage, 2014, 48(5): 839-851.

[148] Jenkins V, Fallowfield L. Can communication skills training alter physicians' beliefs and behaviors in clinics? Journal of Clinical Oncology, 2002, 20: 765-769.

[149] Raijmakers NJ, van Zuylen L, Costantini M, et al. Artificial nutrition and hydration in the last weekof life in cancer patients. A systematic literature review of practices and effects. Ann Oncol, 2011, 22 : 1478-1486.

[150] Rosenberg JH, Albrecht JS, Fromme EK, et al. Antimicrobial use for symptom management in patients receiving hospice and palliative care: a systematic review. J Palliat Med, 2013, 16(12): 1568-1574.

[151] Uceda Torres ME, Rodríguez Rodríguez JN, et al. Transfusion in palliative cancer patients: a review of the literature. J Palliat Med, 2014, 17(1): 88-104.

[152] Morgan CK, Varas GM, Pedroza C, et al. Defining the practice of "no escalation of care" in the ICU. Crit Care Med, 2014, 42(2): 357-361.

[153] Breitbart W, Alici Y. Evidence-based treatment of delirium in patients with cancer. J Clin Oncol, 2012, 30(11): 1206-1214.

[154] Ben-Aharon I, Gafter-Gvili A, Paul M, et al. Interventions for alleviating cancer-related dyspnea: a systematic review. J Clin Oncol, 2008, 26(14): 2396-2404.

[155] Lokker ME, van Zuylen L, van der Rijt CC, et al. Prevalence, impact and treatment of death rattle: a systematic review. J Pain

Symptom Manage, 2014, 47(1): 105-122.

[156] Maltoni M, Scarpi E, Rosati M, et al. Palliative sedation in end-of-life care and survival: a systematic review. J Clin Oncol, 2012, 30(12): 1378-1383.

[157] Maciejewski PK, Zhang B, Block SD, et al. An empirical examination of the stage theory of grief. JAMA, 2007, 297(7): 716-723.

[158] Boelen PA, de Keijser J, van den Hout MA, et al. Treatment of complicated grief: a comparison between cognitive-behavioral therapy and supportive counseling. J Consult Clin Psychol, 2007, 75(2): 277-284.

[159] Shear MK, Reynolds CF 3rd, Simon NM, et al. Optimizing Treatment of Complicated Grief: A Randomized Clinical Trial. JAMA Psychiatry, 2016, 73(7): 685-694.

[160] Georgia H, O' Connor Moira, Jefford Michael, et al. RT Prepare: a radiation therapist-delivered intervention reduces psychological distress in women with breast cancer referred for radiotherapy. British Journal of Cancer, 2018.

[161] Wootten A C, Abbott J A M, Meyer D, et al. Preliminary Results of a Randomised Controlled Trial of an Online Psychological Intervention to Reduce Distress in Men Treated for Localised Prostate Cancer. European Urology, 2015, 68(3): 471-479.

[162] Stagl J M, Bouchard L C, Lechner S C, et al. Long-term psychological benefits of cognitive-behavioral stress management for women with breast cancer: 11-year follow-up of a randomized controlled trial. Cancer, 2015, 121(11): 1873-1881.

[163] Zhang MF, Wen YS, Liu WY, et al. Effectiveness of Mindfulness-

based Therapy for Reducing Anxiety and Depression in Patients With Cancer: A Meta-analysis. Medicine(Baltimore), 2015, 94(45): e0897-0.

[164] KHle N, Drossaert C H C, Jaran J, et al. User-experiences with a web-based self-help intervention for partners of cancer patients based on acceptance and commitment therapy and self-compassion: a qualitative study. BMC Public Health, 2017, 17(1): 225.

[165] Butow P N, Turner J, Gilchrist J, et al. Randomized Trial of Conquer Fear: A Novel, Theoretically Based Psychosocial Intervention for Fear of Cancer Recurrence. Journal of Clinical Oncology, 2017, 35(36): 4066-4077.

[166] Qian L, Lu D, Wu I H C, et al. The impact of an expressive writing intervention on quality of life among Chinese breast cancer patients undergoing chemotherapy. Supportive Care in Cancer, 2018.

[167] Breitbart W, Rosenfeld B, Pessin H, et al. Meaning-centered group psychotherapy: an effective intervention for improving psychological well-being in patients with advanced cancer. J Clin Oncol, 2015, 33(7): 749-754.

[168] Breitbart W, Pessin H, Rosenfeld B, et al. Individual meaning-centered psychotherapy for the treatment of psychological and existential distress: A randomized controlled trial in patients with advanced cancer. Cancer, 2018.

[169] Holtmaat K, van der Spek, Nadia, et al. Moderators of the effects of meaning-centered group psychotherapy in cancer survivors on personal meaning, psychological well-being, and distress. Supportive Care in Cancer, 2017, 25(11): 3385-3393.

[170] Wang C, Chow A, Chan C. The effects of life review interventions

on spiritual well-being, psychological distress, and quality of life in patients with terminal or advanced cancer: a systematic review and meta-analysis of randomized controlled trials. Palliative Medicine, 2017, 31(11): 883-894.

[171] Paterson C L, Lengacher C A, Donovan K A, et al. Body Image in Younger Breast Cancer Survivors: A Systematic Review. Cancer Nursing, 2016, 39.

[172] Trajectories of fear of recurrence in women with breast cancer. Supportive Care in Cancer, 2015, 23(7): 2033-2043.

[173] Wang S, Li Y, Li C, et al. Distribution and Determinants of Unmet Need for Supportive Care Among Women with Breast Cancer in China. Medical science monitor: international medical journal of experimental and clinical research, 2018, 24: 1680-1687.

[174] Custers JA, Tielen R, Prins JB, et al. Fear of progression in patients with gastrointestinal stromal tumors(GIST): Is extended lifetime related to the Sword of Damocles. Acta Oncol, 2015, 54(8): 1202-1208.

[175] Kim G M, Kim S J, Su K S, et al. Prevalence and prognostic implications of psychological distress in patients with gastric cancer. Bmc Cancer, 2017, 17(1): 283.

[176] Hong J, Wei, Zengzeng, et al. Preoperative psychological distress, coping and quality of life in Chinese patients with newly diagnosed gastric cancer. Journal of Clinical Nursing, 2015, 24(17-18): 2439.

[177] Ansuk J, An Ji Yeong, Smith Fawzi. The moderating role of social support on depression and anxiety for gastric cancer patients and their family caregivers. Plos One, 2017, 12(12): e0189808.

[178] Heesung H, Lee Kwang-Min, Son Kyung-Lak, et al. Incidence and

risk factors of subsyndromal delirium after curative resection of gastric cancer. Bmc Cancer, 2018, 18(1): 765.

[179] Shi H B. Effect of depression on the immune function and tumor load in patients with advanced gastric cancer. Journal of Hainan Medical University, 2017, 23(6): 10.

[180] Schuurhuizen CS, Braamse AM, Beekman AT, et al. Screening and treatment of psychological distress in patients with metastatic colorectal cancer: study protocol of the TES trial. BMC Cancer, 2015, 15: 302.

[181] Reese JB, Handorf E, Haythornthwaite J. Sexual quality of life, body image distress, and psychosocial outcomes in colorectal cancer: a longitudinal study. Supportive Care in Cancer, 2018, 26: 3431-3440.

[182] Rohan EA, Boehm J, Allen KG, et al. In Their Own Words: A Qualitative Study of the Psychosocial Concerns of Post-treatment and Long-term Lung Cancer Survivors. J Psychosoc Oncol, 2016.

[183] Chang WP, Lin CC. Changes in the sleep-wake rhythm, sleep quality, mood and quality of life of patients receiving treatment for lung cancer: A longitudinal study. Chronobiol Int, 2017, 34(4): 451-461.